普通高等教育力学系列“十三五”规划教材

材料力学实验

侯德门 赵 挺 殷 民 丁春华 黄 莺 编著

西安交通大学出版社
XI'AN JIAOTONG UNIVERSITY PRESS

内容简介

本书为材料力学实验指导用书，全书由三部分组成：第一部分着重介绍仪器设备工作原理及使用方法，以更好适应实践环节的开放性；第二部分包括12个实验项目，重点突出实验原理与技术、实验设计思想，以激发学生的创新积极性；第三部分简单介绍模型相似理论、有效数字及其运算法则、单位换算和相关试验的国家标准，以强化规范性。

本书可作为普通高等学校的材料力学实验教材，也可供相关专业研究生和工程技术人员参考。

图书在版编目(CIP)数据

材料力学实验/侯德门等编著. —西安：西安交通大学出版社，2011.2(2019.11 重印)
ISBN 978-7-5605-3819-8

Ⅰ.①材… Ⅱ.①侯… Ⅲ.①材料力学-实验
Ⅳ.TB301-33

中国版本图书馆 CIP 数据核字(2011)第 010149 号

书　　名　材料力学实验
编　　著　侯德门　赵　挺　殷　民　丁春华　黄　莺
责任编辑　田　华

出版发行　西安交通大学出版社
　　　　　(西安市兴庆南路1号　邮政编码 710048)
网　　址　http://www.xjtupress.com
电　　话　(029)82668357　82667874(发行中心)
　　　　　(029)82668315(总编办)
传　　真　(029)82668280
印　　刷　西安日报社印务中心

开　　本　787mm×1092mm　1/16　**印张**　6.125　**字数**　140千字
版次印次　2011年2月第1版　2019年11月第6次印刷
书　　号　ISBN 978-7-5605-3819-8
定　　价　11.00元

读者购书、书店添货、如发现印装质量问题，请与本社发行中心联系、调换。
订购热线：(029)82665248　(029)82665249
投稿热线：(029)82664954
读者信箱：jdlgy@yahoo.cn

前　言

随着高等教育教学改革不断深入，我们结合人才培养目标，经过“211工程”和“985工程”一期、二期及“教育部修购专项”等项目的建设，注重提升实验层次，凸显提高综合型、设计创新性实验项目的开放性和学生实验的自主性，自行研制、更新了大量仪器设备，以适应对学生综合实践能力及创新精神培养的需要。因此，在开设实验项目和编写本教材的过程中，我们力求通过设计的实验项目既能更有利于学生对理论知识加深理解，又能更有利于加强学生在实验方法选择、实验方案设计及科学实验技能和创新精神方面的培养。在力学性能试验中强调规范方法、技能和力学行为特性分析；在提高综合型和设计创新性实验项目中强调学生的自主性和教学的开放性，将计算和实验要求等以任务书的形式下达给学生，由学生完成实验方案制定、测试系统组配、测试结果及误差分析；在由科研转化或工程实际提炼而来的实验项目中凸显科学性和应用性，要求学生能将理论分析、数值计算和实验结果进行综合分析比较，对力学模型简化或实验方案进一步修改完善。从而培养学生进行科学实验的良好习惯，强化学生的独立实践能力，使学生在应用实验方法分析解决实际问题能力和创新精神等方面得到加强。

《材料力学实验》内容取材于《基础力学实验II》和《材料力学实验》讲义多个修订版本，主要包括：材料力学性能和应力应变测试原理与技术，基本型、综合提高型和设计创新性实验项目，以及主要力学实验仪器设备介绍，在附录中还简单介绍了模型相似理论、有效数字及其运算法则、单位换算及相关试验的国家标准。

本书由西安交通大学力学实验教学国家示范中心的侯德门、赵挺、殷民、丁春华、黄莺合编，由侯德门负责统编完成。

本书由西安交通大学闵行教授和童云生教授主审，在此表示诚挚谢意。同时，对力学中心全体老师给予的支持和帮助表示感谢。

对本书中的缺点和错误，敬请读者不吝赐教，以便再版时修正。

编　者

2010年10月

实验守则

1. 课前应认真预习相关实验内容及仪器设备介绍，了解实验基本原理，明确实验目的，完成预习报告。

2. 认真听取指导教师对仪器及设备的基本构造、基本原理、实验要求、注意事项等的进一步讲解。

3. 以科学态度认真设计实验方案，不断培养科学实验素养、能力和良好的习惯。在实验过程中，仔细观察，认真思考，如实记录实验数据。每个实验小组的实验原始数据记录需经指导教师检查签字后方可结束实验。

4. 爱护仪器设备，细心操作，注意安全，未经许可不乱动与本实验无关的仪器设备。实验中若发生意外或发现异常现象，应立即停止实验，并及时报告指导教师，采取有效措施。

5. 以文明作风结束实验，将所用的仪器设备按照操作规程恢复为初始状态，将所用的量具、工具等合适放置，收拾好桌凳，做好整理清洁工作。将破坏的试件，放在指定的回收箱，未经教师许可请勿擅自带离实验室。

6. 实验报告是实验的总结资料，是培养学生科学实验素养、提高科学实验综合能力的重要环节，也是考核学生实验成绩的主要依据之一。同组同学可以共享原始实验数据，实验报告则需独立完成。课后一周内，由学习委员或班长统一送交指导教师批阅。

7. 按照预约时间按时进入实验室，不得迟到、早退。

8. 进入实验室，举止文明，不大声喧哗、嬉闹、吸烟、随地吐痰及乱扔杂物纸片等。

9. 遵守纪律，遵守实验操作规程。对于新设计的实验方案，务必经指导教师确认后方可进行。若违章操作造成事故者将追究其责任，并按照相关管理规则作相应处理。

实验报告书写须知

撰写实验报告是科学研究的基本训练，是培养科学实验素养、提高科学实验综合能力的重要环节。实验报告是实验的总结资料，是考核学生实验成绩的主要依据之一。因此，同组同学可以共享原始实验数据，实验报告则需认真独立完成。

撰写实验报告应仔细认真，内容完整，条理分明，数据实事求是，书写公正，图表规范，体现优良的科学实验素养。

实验报告主要包括下列内容。

1. 实验名称，实验人（及同组人员）姓名、班级、实验日期。

2. 实验目的，实验基本原理简述和测试系统简图。

3. 使用仪器设备及量具的名称、型号、量程等。

4. 在实验报告中须有原始记录数据。有效数字的位数须符合测量仪器设备及量具的精度（一般情况下，仪器的最小刻度代表其精度），相应表格中数字的小数位应该相同，在多次测量同一物理量时，可取测量的算术平均值作为该物理量的具体值。

5. 在计算中所用到的公式必须明确列出，计算过程从简，计算结果使用国际单位的常用形式表示。

6. 用于表示实验结果的曲线绘制在坐标纸上，图中应注明坐标轴所代表的物理量和比例尺；实验的坐标点应用“●”、“○”、“□”、“▲”等记号示出，连接曲线（或直线）时应根据多数点的所在位置光滑描绘，或用最小二乘法进行计算，拟合出最佳曲线（或直线）。

7. 实验报告的最后部分应对实验结果进行分析，并对教师指定或教材中相关实验项目后的思考讨论题加以讨论回答，力求简明扼要，抓住要点，突出重点。

8. 希望能对实验的方法、原理及装置等方面提出改进的意见和建议。

一般情况下，在实验课后一周内，由学习委员或班长将实验报告统一送交指导教师批阅。

目　录

第一部分

仪器设备及原理简介

1. 万能试验机

万能试验机是测定材料或小型结构力学性能最常用的试验设备。所谓“万能”，是指在同一台试验机上只要更换不同的夹具或装卡结构就可以分别进行拉伸、压缩、弯曲、剪切、剥离、劈裂等多种试验。本节对两种常用类型的万能试验机简介如下。

1.1 微机控制电子万能试验机

微机控制电子万能试验机(以下简称试验机)主要适用于金属或非金属材料及小型结构的拉伸、压缩、弯曲、剪切、剥离等试验。在试验中，不仅可以单独使用控制器 EDC 或 Auto CTS-500 完成试验，也可通过计算机控制控制器 EDC 或 Auto CTS-500 按照编制的程序完成试验(即实现完全闭环控制)，试验机自动绘制力-位移(或时间)、力-变形等曲线，并将试验数据存储于设置的文件。同时，试验机具有等速变形、试验载荷保持等功能，而且可以在力、位移及变形不同控制方式之间平滑转换。

1.1.1 试验机主要组成及工作原理

试验机测试系统主要由主机及测试控制系统等组成。

1. 主机部分

试验机主机由框架、驱动及传动系统、夹具、传感器及行程保护装置等组成(见图 1-1)。

(1)框架是由上横梁、移动横梁、工作台、双螺母预紧精密滚珠丝杠副及导向立柱等组成的门式框架。框架采用等强度的设计方法，部件采用型钢焊接形式，因此具有刚度高，重量轻等特点。材料试验在工作台与移动横梁间进行。工作台面通过法兰盘连接拉伸、压缩、弯曲、剪切及剥离等夹具装置，移动横梁通过夹具对夹持的试样进行拉伸、压缩、剪切、弯曲、剥离等试验。

(2)驱动及传动系统由直流伺服电机、变速装置、光电编码器等组成。直流伺服电机具有恒转矩及良好的低速特性，通过光电编码器使移动横梁获得稳定的试验速度。

(3)夹具是试验机能进行拉伸、压缩、剪切、弯曲、剥离等多种试验项目的基本条件。

(4)传感器包括力、位移及变形传感器。力传感器安装在移动横梁与夹头之间，用以实时测试作用于试样的力大小；位移传感器实时测试横梁移动量大小；变形传感器根据需要合适地装卡于试样上，以实时测试试样标距的变形量。

(5)行程保护装置由导杆、上下限位环和行程开关等组成。

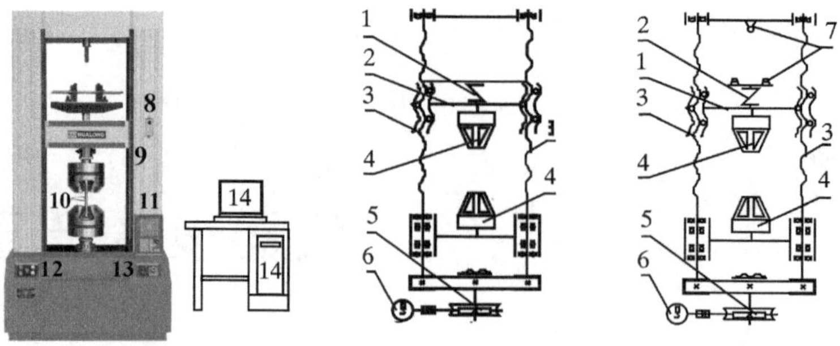

(a)　双空间结构外形照片　　　(b)　单/双空间结构示意图；

1—移动横梁；2—高精度力传感器；3—高精密滚珠丝杠；4—拉伸夹头；5—传动系统；6—驱动系统；7—弯曲夹具；8—远程手动控制盒；9—限位机构；10—变形传感器；11—Auto CTS-500控制器；12—液压夹具油泵开关；13—紧急制动开关；14—计算机系统

图1-1　微机控制电子万能试验机结构示意图

不论试验机是单空间结构(在夹具4工作空间可以实现拉伸、压缩、弯曲和剪切等全部试验项目)，还是双空间结构(分别在夹具4或7工作空间实现)，其工作原理基本相同。试验机测控系统控制伺服驱动系统6，通过传动系统5带动高精密双滚珠丝杠3，使移动横梁1向上或向下移动，从而装夹于夹具4或夹具7之间的被测试样随其发生变形，与此同时，位移传感器或/和变形传感器及力传感器实时测得横梁位移或/和试样标距范围的变形及力等相关量的大小。

2. 测试控制系统

控制系统由控制器EDC或Auto CTS-500、计算机等组成。

(1) 数字式控制器EDC、CTS-500如图1-2所示，其功能强大，可以控制包括精密丝杠传动的机械式试验机、伺服阀控制的液压式试验机等。既可以用控制器EDC或CTS-500单独控制试验机，也可以用计算机向控制器EDC或CTS-500发送命令来控制试验机。控制器进行实时采集控制，并且将实时采集到的数据快速传输到计算机进行数据处理后，再由计算机发送控制指令，控制器接收到该指令并经过复杂的PID数学模型运算后，通过接口控制卡输出信号到伺服驱动器、控制伺服马达转动、驱动横梁移动，从而对夹持于试验机两夹头之间的试样施加变形。系统工作可靠，测量精度高，抗干扰能力强，能够分别进行力控制、位移控制和变形控制，并且各控制方式可以相互平滑转换。

(a)EDC　　　(b)CTS-500

图1-2　数字式控制器

(2)计算机与试验机有机结合成为微机控制电子万能试验机，从而试验机有了控制、测试和分析系统。这不仅提升了常规试验机的水平、大大增强了其测试功能和测试精度，还为测试数据后续处理、分析和文件建立及进一步管理提供了强有力的保障。

1.1.2 试验机主要规格参数

参数项目	100 kN 电子万能试验机	300 kN 电子万能试验机
最大试验力/kN	100	300
试验力范围/kN	0.2～100	0.6～300
试验力精确度	±0.5%	±0.5%
拉伸最大距离/mm	600	800
有效试验宽度/mm	575	600
横梁移动速度/mm · min^{-1}	0.005～500	0.05～250
位移分辨能力/mm	0.001	0.001
速度精确度	0.1%	0.1%
圆试样加持范围/mm	ϕ4～ϕ30	ϕ4～ϕ50
扁试样加持厚度	～30	～50
扁试样加持宽度/mm	～50、～70	～100
剪切试样断面直径/mm	ϕ5、ϕ10	ϕ10
弯曲支点最大距离	400	500
弯曲支滚直径×宽/mm	ϕ30×100	ϕ30×100
压盘直径/mm	ϕ100	ϕ120
驱动电机功率/kW	2.2	2.2

1.1.3 主要操作步骤

在测量试样尺寸并作好标距标记后，依次按照如下操作步骤进行拉伸试验。

(1)依次打开试验机电源、控制器 EDC 或 Auto CTS－500 和计算机电源。

(2)激活计算机桌面上的“拉伸冷作硬化试验”快捷标识(系统自检稍等片刻)。

①对于控制器 EDC，点击界面右下侧显示的红色 启动 按钮，系统联通后(可听到微弱响声)进入试验主页面，控制器上显示“PC－CONTROL”(Baud 115200)、力和位移的当前数值。

②对于控制器 CTS－500，点击界面显示的 拉伸冷作硬化试验方法 、 加载 按钮、点击主页面右侧 手形启动 按钮，联通测试和伺服系统(可听到微弱响声)，控制器上显示“计算机控制中”、“串口通讯波特率 115200”。

(3)在主页面上的“存储路径”中选择存储路径，并在“存储文件名”中输入自己的试验文件名后，按 回车 Enter 键确认。

(4) 在“试样参数”栏选择 “试样形状”，输入试样尺寸，并确认。

(5) 按下液压夹持 油泵电源开关 、按下上夹具 夹紧 ，上夹头夹紧试样夹持段。

(6) 通过 远程手动控制盒 调节移动横梁，使连接于移动横梁的活动夹头移至合适位置，以便夹持试样另一端；点击主页面的“负荷”和“位移” 清零 按钮。

(7) 按下下夹具 夹紧 ，夹紧试样夹持段；再次按下 油泵电源开关 ，关闭液压夹持油泵。

(8) 点击主页面上的 开始测试 按钮，试验机系统按照程序进行拉伸冷作硬化试验；试样破坏后，试验机自动停机，并保存试验数据及曲线。

(9) 试验结束后，按下液压夹持 油泵电源开关 、上下夹具 松开 ，分别松开上、下夹头，取出试样。

(10) 从主页面下方读出相关试验数据，绘制试验特性曲线。

(11) 观察试样断口形貌特征，测量试样断后相关尺寸。

1.1.4　试验一般操作程序框图

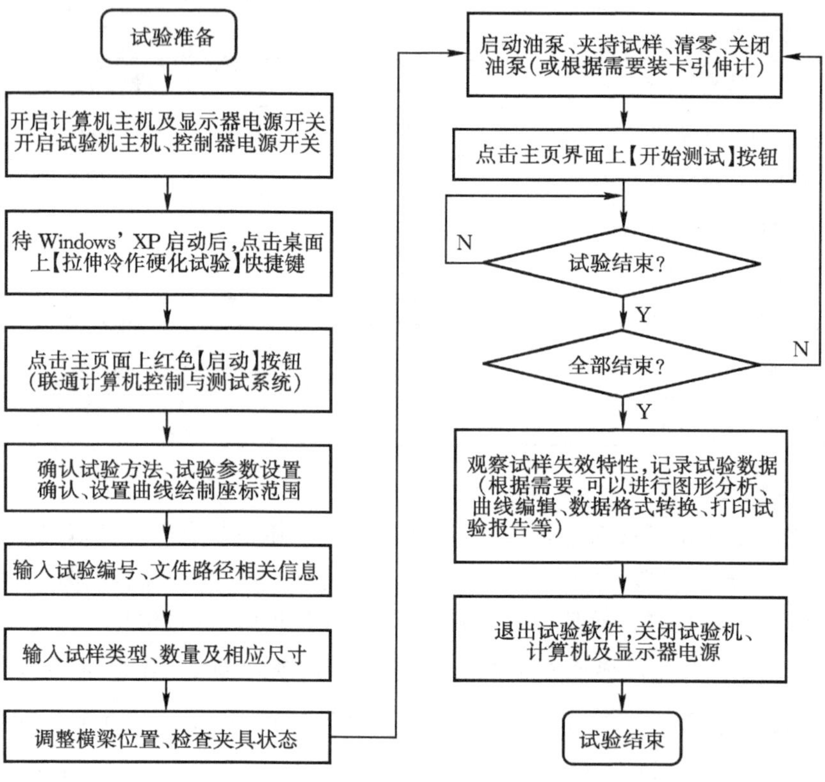

1.1.5　注意事项

(1)本试验机系统为大型精贵仪器设备，未经指导教师同意，不得随意更改计算机设置和试验机测试系统参数设置。

(2)做试验前，应确认操作程序及步骤正常合理。

(3)务必保持试验机系统后面连接的电线、油管等状态良好。

(4)如有异常情况，应立刻停止试验，并及时报告指导教师。

1.2　微机屏显式液压万能试验机

本试验机利用液压加载、夹持试样，采用压力、位移或变形传感器等电子测量技术，运用计算机处理数据，屏幕显示试验力、变形及相关特性曲线。主要用于材料或小型结构的拉伸、压缩、弯曲及剪切试验。

1.2.1　试验机主要组成及工作原理

微机屏显液压万能试验机主要包括：主机、油源控制柜、计算机。双空间结构示意图如图 1-3 所示。

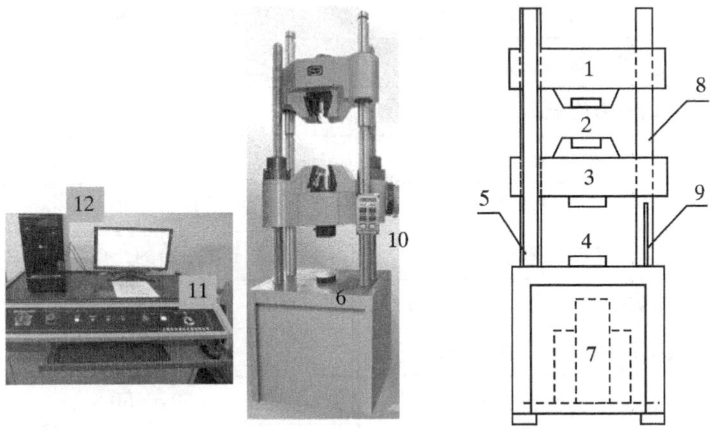

1—上横梁；2—拉伸空间、上下夹头；3—移动横梁；4—压缩、弯曲空间；
5—移动横梁双侧丝杠；6—活动工作台；7—油箱、油缸活塞；8—双侧立柱；
9—标尺；10—夹头及移动横梁控制盒；11—试验机主控台；12—计算机系统

图 1-3　微机屏显液压万能试验机双空间结构示意图

1. 主机部分

油箱 7 用螺钉紧固在底座上，油缸中的活塞与活动工作台 6 紧密连接，当调节试验机主控台 11 上的油泵启动，并扳动工作台快升、快降或加载开关，使油压推动油缸活塞，双侧支撑立柱 8 随着活动工作台 6 一起升起。由于双侧立柱 8 的柱身上各有 4 个环槽，上横梁可在这 4 个不同的位置上固定，所以，当油缸活塞上升时，由活动工作台 6、双侧立柱 8 和上横梁 1 构成的活动封闭框架一起向上移动，则拉伸上夹头一起上升。

移动横梁双侧丝杠 5 的下端与底座紧固，丝杠中段的移动横梁 3，可通过横梁控制盒 10 的升/降按钮开关使专用电机工作，通过皮带轮、蜗杆蜗轮传动机构使移动横梁作上升/下降运动，从而使安装于移动横梁上的拉伸下夹头随其快速升降到合适的位置，以便装夹拉伸试样。

拉伸上、下夹头之间为拉伸空间 2，夹头楔形钳口座内装有齿面夹块（平板或 V 形）。通过更换不同的夹块可以夹持不同形状、不同尺寸的试样进行拉伸试验。在移动横梁 3 和活动工作台 6 之间为压缩、弯曲空间，通过更换不同的压头、试验支座或夹块，可以对试样进行压缩、弯曲或剪切试验等。

2. 测试控制部分

通过试验机主控台 11，控制油缸活塞 7 推动活动工作台 6 上、下移动，从而，对安放于试验机夹头之间的试样施加变形，同时试样变形产生抗力，试验机液压系统将平衡此抗力，液压管路中的压力传感器将该力值转化为与其成正比例的电压信号；同时，在试验过程中，移动横梁位移或试样标距范围的变形量分别由位移传感器和变形传感器转化为与其成正比例的电压信号；测试系统进一步通过采集、放大、调理、转换等，由计算机记录、处理、显示数据及绘制特性曲线，并储存于文件，以便进一步分析。

1.2.2 主要规格及参数

参数项目	屏幕显示液压万能试验机
最大试验力/kN	300，600，1000
试验力测量衰减倍数	1，2，5，10
变形测量衰减倍数	1，2，5，10
试验力准确度	从各级 20%开始示值的±0.5%
变形准确度	从各级 1%开始的±0.5%F.S
拉伸试验钳口最大间距/mm	～600～1000
圆截面试样夹持直径/mm	13～26，26～40，～70
扁试样夹持最大宽度 扁试样夹持厚度/mm	～50，～80
	0～15，15～30，～50
压缩面间最大距离/mm	～600～800，～1200
上下压板尺寸/mm	140×140，210×210
弯曲试验支滚间距离/mm	～600，～1000
弯曲支滚宽度/mm	100，140
剪切试样直径/mm	10，20
活塞最大上升速度/mm · min^{-1}	200
下横梁升降速度/mm · min^{-1}	200
活塞最大行程/mm	250
工作台有效尺寸/mm	650×650

1.2.3 主要操作步骤

在测量试样尺寸后，依次按照如下操作步骤进行拉伸压缩试验。

(1) 依次开启总电源、计算机和显示器电源，关闭试验机主控台 11 右侧的 回油阀 。

(2) 激活计算机桌面上的“拉伸压缩试验”快捷标识，按照提示进入试验程序主页面。

(3) 在“试样参数”栏选择试样形状，输入所测量的试样尺寸，并确认。

(4) 根据试样，选用合适的测量范围，并确认。

(5) 旋转试验机主控台 11 上的 电源 开 开关，电源指示灯亮。

(6) 按下试验机主控台 11 上的[油泵 开]，扳动[工作台快升/降]开关，使试验机活动工作台 6 抬起约 10 mm。

(7) 按下移动横梁控制盒 10 的[上行或下行开关]，使上下夹头之间有合适的空间；按下上下夹头控制盒 10 的[上加紧开关]，夹紧试样上端。

(8) 点击计算机屏幕主页面上的[载荷 清零]，再次按下移动横梁控制盒 10 的[上行或下行开关]，留有合适的空间以夹持试样下端。

(9) 点击计算机屏幕主页面上的[位移 清零]，按下上下夹头控制盒 10 的[下加紧开关]，夹紧试样下端。

(10) 点击计算机屏幕主页面上部的[开始试验]，按照试验要求缓慢调节[加载阀]，直至试样破坏，即刻按主控台上的[停止]、点击[终止]（停止试验）。

(11) 按下试验机主控台 11 上的[油泵启动]按钮、按下夹头控制盒 10 的[上、下松开]，松开上下夹头夹具，取出破坏试样。

(12) 从主页面上载荷窗口读取最大力值，绘制试验特性曲线，并观察试样断口形貌特征。

1.2.4　注意事项

(1)试验前，应先开动油泵，然后缓慢拧开送油阀，使试验台上升约 10 mm。

(2)做试验时，应确认操作程序、步骤正常合理。

(3)试验过程中，操作者不得擅自离开，如有异常情况，应立刻停止试验，并及时告知指导教师。

(4)进行压缩试验时要采取保护措施，防止试样破坏部分飞出造成事故。

(5)务必保持试验机系统后面连接的电线、油管等状态良好。

2. 微机控制电子扭转试验机

扭转试验机是进行扭转试验的专用设备，它可以对试样或小型结构施加扭转变形，能测出扭转角、扭转变形和扭矩的大小，并绘制扭矩-扭转角或扭转变形曲线等。常用扭转试验机有机械式和微机控制电子式两种类型，下面仅简单介绍微机控制电子式扭转试验机的主要组成结构及其工作原理。

2.1 主要组成及工作原理

微机控制电子扭转试验机是传统的机械式与电子技术和计算机相结合的新型扭转试验机，它对扭矩及扭转变形的测量和控制有较高的精度和灵敏度。通过扭矩传感器、光电编码器将扭矩和扭转角或扭转变形信号与控制器及计算机连接可进行实时数据采集，并实时显示扭矩-扭转角或变形曲线。然后可对所采集的数据进行计算处理和分析，根据需要可以打印出完整的试验报告。

WNJ 系列微机控制电子扭转试验机，采用直流电机无级调速，机械传动加载，由扭矩传感器和光电编码器分别测定出扭矩和扭转角，通过计算机采集处理相关数据，给出扭转曲线和测试结果。其主要组成系统及结构如图 2－1 所示。

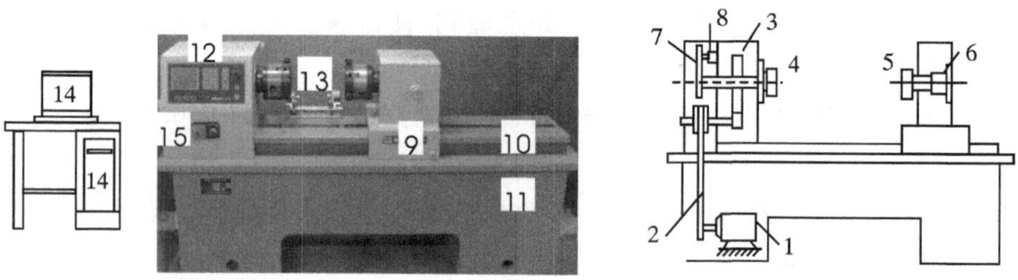

1—伺服电机；2—传动机构；3—减速箱；4—转动夹头；5—固定夹头；6—扭矩传感器；
7—测速齿轮；8—光电编码器；9—滚动支座；10—导轨；11—机座；12—CTS－500 控制器；
13—标距内扭转角测量装置；14—计算机系统；15—紧急开关

图 2－1 WNJ 系列微机控制电子扭转试验机结构示意图

2.1.1 主机及控制部分

由控制器 Auto CTS－500 系统驱动安装在机身内的伺服电动机 1，通过传动机构 2 带动固定在机身左端的减速箱 3，使主轴上的转动夹头 4 转动。当按要求在转动夹头 4、固定夹头 5 之间装夹上试样后，随着夹头 4 转动，试样发生扭转变形，同时固定夹头 5 右端联接的扭矩传感器 6 即可测出试样所受的扭矩，并将此扭矩通过信号线传入计算机进行处理，最后将结果显示在屏幕上。

2.1.2 扭矩及扭转角测试部分

与转动夹头 4 同轴安装了一个测速齿轮 7，经一套齿轮带动一只光电编码器 8 转动，转动夹头 4 的转角采用高精度扭矩传感器，或者为了测试试样标距内的扭转角，可以将标距间扭转角测量装置合适安装于试样上，光电编码器具有 ±500000 码的分辨率，随着试验过程即可实时测试两夹头或标距间的扭转角，传入计算机进行采集、处理、分析等，绘制出扭矩-扭转角曲线。计算机按要求采集处理分析后计算出相关结果，并可进一步打印出相应结果、曲线及完整的试验报告。

2.2　主要规格及参数

型 号	WNJ - 1000	WNJ - 3000
扭矩测量范围/N. m	10～1000	30～3000
扭矩测量相对误差/%	±0.5%	
扭转角测量范围/°·min^{-1}	±100000	
扭转角测量相对误差/%	±0.5 %	
扭转方向	正向、反向	
扭转速度/°·min^{-1}	0.01～1500	
夹持试样尺寸/mm	ϕ3～ϕ32	ϕ5～ϕ70
两夹头之间最大距离/mm	～600、～770	～1600
电源功率/kW	0.75	1.5

2.3　主要操作步骤

在测量试样尺寸后，依次按照如下操作步骤进行扭转试验。

(1)依次打开试验机电源、CTS - 500 控制器、计算机电源。

(2)激活计算机桌面上的“扭转试验”快捷标识，(系统自检，稍等片刻)点击界面显示的[扭转试验方法]、[加载]按钮；系统自检后进入试验主页面。

(3)点击主页面右侧[手形启动]按钮，联通测试和伺服系统(可听到微弱声音)，CTS - 500 控制器上显示“计算机控制中”、“串口通讯波特率 115200”。

(4)在主页面上的“存储路径”中选择存储路径，并在“存储文件名”中输入自己的试验文件名后，按[回车 Enter]键确认。

(5)在“试样参数”栏选择“试样形状”，输入试样尺寸，并确认。

(6)用十字内六方专用扳手将试样一端的夹持段合适地轻轻夹持于某一扭转夹具上，点击主页面上的“扭矩”[清零]按钮；然后，推动滚动支座 9 使另一扭转夹头到合适位置，将试样另一夹持段夹持于夹具上，再分别将试样两端紧紧加持；点击主页面上“夹头内扭角”[清零]按钮。

(7)点击主页面上的[开始测试]按钮，试验机系统按照程序进行扭转试验；试样破坏后，试验机自动停机，并保存试验数据及特性曲线。

(8)从主页面下方读取相关试验数据，绘制主页面的试验特性曲线。

(9)松开两扭转夹具，取出破坏的试样，观察并记录其断口形貌特征。

2.4　注意事项

(1)本试验机系统为大型精贵仪器设备，未经指导教师同意，不得随意更改计算机设置、试验机测试系统参数设置等。

(2)做试验前,应确认操作程序、步骤正常合理。

(3)务必将试样紧夹于试验机夹头上,以免滑动影响试验正常进行。

(4)如有异常情况,应立即停止试验并及时报告指导教师。

3. 电阻应变测量方法简介

电阻应变测量法(简称电测法)是指以电阻应变计为传感元件,将其良好地粘贴在被测构件上,电阻应变计的电阻值随构件发生变形而改变,通过电阻应变仪测得电阻变化量对应的应变,并根据应变-应力之间的关系得到构件应力的方法。电测法测试基本过程如图 3-1 所示。

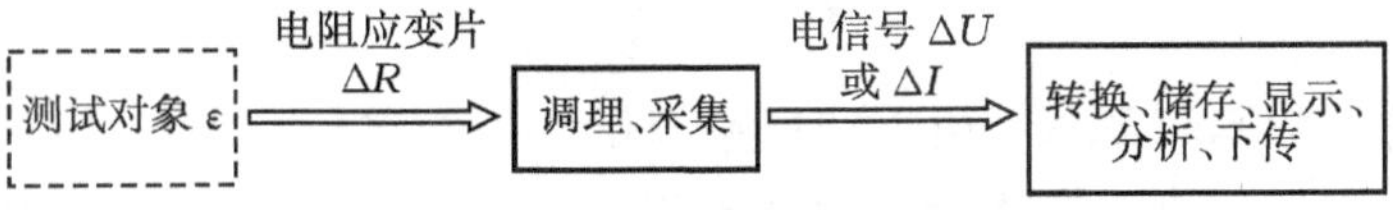

图 3-1　电测法测试基本过程示意框图

电测法已被广泛应用于航空航天、交通运输、土木工程、机械工程、能源工程、生物工程、体育运动等领域的应力应变分析;或利用它的基本原理制成各种传感器,测取载荷、扭矩、位移、加速度等力学参数;或将其应用于在线检监测控制系统等等。电测法之所以得到广泛应用,是基于它具有以下优点。

(1)测量灵敏度高。应变最小分辨率可达 1 微应变($1\ \mu\varepsilon=10^{-6}\ \varepsilon$)或更小。

(2)测量应变的量程范围大。可从 $1\ \mu\varepsilon$ 到 $20000\ \mu\varepsilon$(即 $10^{-6}\sim2\times10^{-2}\varepsilon$),甚至更大量程范围。

(3)电阻应变计栅长尺寸范围大。应变片的栅长可为 0.2 ～100 mm(甚至更长),既可满足应变梯度变化大的应变测量,也可满足测试对象材质非均匀的应变测量。

(4)电阻应变计质量轻。一般情况忽略不计应变片的质量,不会影响测试对象的工作状态。

(5)频率响应范围宽。频响范围为 0～±20 kHz,可用于静态、动态应变测量。

(6)适用环境范围广。可用于常温、高温、低温,常压、低压、高压(气体或液体),实验室、现场或野外等恶劣环境。

(7)自动化、数字化方便。应变测量输出为电信号,便于进行转换、传输、显示、现场检监测、计算机远程实时控制,长时间定期不定期测试或检监测。

该方法的缺点在于只能测定某一点的应变应力信息。若需分析某区域的应变应力场及其分布,需布置多个测点。

3.1　电测法基本原理

3.1.1　电阻应变计

电阻应变计是将应变等机械量转换为电阻变化量的一种传讯元件,它的工作原理主要是利用了金属丝的电阻应变效应,即当金属丝的变形量在一定范围内时,其线应变与电阻变化率之间存在着线性关系,即

$$\frac{\Delta R}{R}=K_{片}\varepsilon \tag{3-1}$$

式中:R 为金属丝的初始电阻值;ΔR 为金属丝变形后电阻的改变量;ε 为金属丝的线应变(单

位长度变形量)；$K_{片}$ 为比例常数，它与金属丝的电阻率、横向变形系数有关，称为电阻应变计的灵敏系数。

电阻应变计由金属丝栅、基底、覆盖层及引出线组成，如图 3-2 所示。为测量构件上一点的线应变，故将金属丝绕成栅状。基底的作用是保证线栅与被测构件间的绝缘并保持线栅的几何形状，覆盖层用于保护线栅不受外界的损伤。l 表示线栅长，b 为线栅宽。电阻应变计的灵敏系数为

$$K_{片}=\frac{\Delta R/R}{\varepsilon} \tag{3-2}$$

电阻应变计的参数 l、b、R、$K_{片}$ 由生产厂家提供。

常用的电阻应变计主要有线绕式和箔式两种(见图 3-3)。线绕式电阻应变计一般将直径为 0.02～0.05 mm 康铜或镍铬丝绕成栅状，粘贴于两层绝缘薄纸片间；箔式电阻应变计一般把厚度为 0.003～0.01 mm 的康铜箔或镍铬合金箔用光刻技术腐蚀成栅状，它的基底为聚合材料如环氧树脂、酚醛树脂等，线栅上涂覆盖胶层，引出线一般用 0.15～0.2 mm 的镀银铜丝。箔式电阻应变计由于尺寸准确，线条均匀，故灵敏系数分散性小，它不仅横向效应小，防潮及散热性能好，而且可制成小标距应变片，所以使用越来越广泛。线绕式电阻应变计因灵敏系数分散性大，横向效应大，防潮、散热性能差，故有逐渐被箔式电阻应变计取代之势。

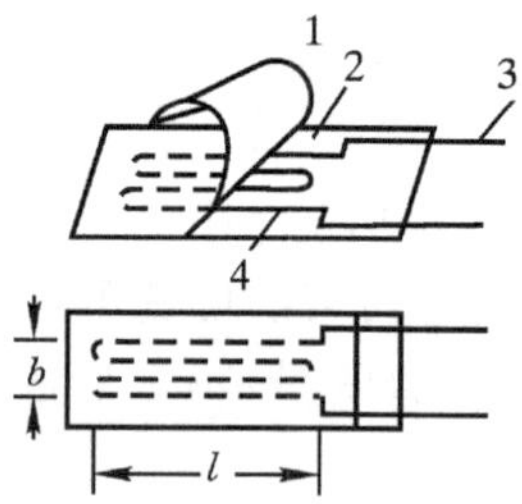

—覆盖层；2—基底；3—引出线；
—丝栅；b—栅宽；l—栅长

图 3-2　电阻应变计结构

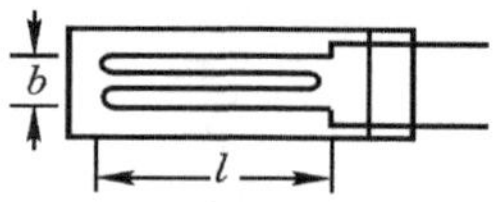

(a)线绕式应变片

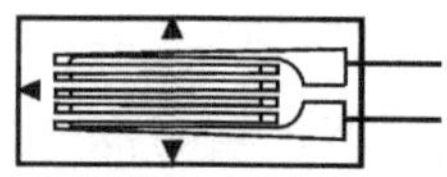

(b)箔式应变片

图 3-3　两种单向应变片

电阻应变计种类结构繁多，规格不一。一般根据测试环境、被测构件应变状态、被测构件的材料性质等因素来选择电阻应变计。选择应变片的主要步骤如下：

①首先根据应用精度、环境条件选择应变片的系列；

②根据试件尺寸、粘贴面积、曲率半径、安装条件、应变梯度等选择敏感栅栅长；

③根据应变梯度、应力种类、散热条件、应变片电阻等选择敏感栅结构；

④根据使用条件、功耗大小、最大允许电压等选择标称电阻值；

⑤根据试件材料类型、工作温度范围、应用精度选择温度自补偿系数或弹性模量自补偿系数；

⑥根据弹性体的固有蠕变特性、实际测试的精度、工艺方法、防护胶种类、密封形式等选择蠕变补偿代号；

⑦根据实际需要选择应变片的引线连接方式。

选择应变片的敏感栅长度、结构形式和标称电阻值，其主要体现以下内涵。

1. 应变片敏感栅长度的选择

应变片在加载状态下的输出应变是敏感栅区域的平均应变。为了获得真实的测量值，通常应变片的栅长应不大于测量区域半径的 1/5～1/10。但是，对于非均匀材料（如混凝土）进行应变测量，应选择栅长不小于材料的不均匀颗粒尺寸的应变片，以消除因材料不均匀而带来的影响，比较真实地反映结构内的平均应变。对于应变梯度大的应变测量，应尽量选用敏感栅长度较小的应变片。

2. 应变片敏感栅结构形式的选择

测量已知主应力方向试件的应变时，可选用单轴应变片；测量未知主应力方向的应变或测量切应变时选用应变花（即多轴应变片）；测量应力分布时，可选用排列成串或成行的多个敏感栅的应变片。

3. 应变片标称电阻值的选择

应变片标称电阻值的选择应根据应变片的散热面积、导线电阻的影响、信噪比、功耗大小来选择。对于应力分布实验、应力测试、静态应变测量等，应尽量选用与仪器相匹配的电阻值，一般推荐选用 120 Ω、350 Ω 电阻的应变片；对于传感器一般推荐选用 350 Ω、1000 Ω 电阻的应变片。

此外，当测试环境温度较高时，就需选用聚合物基底的高温应变片；精度要求高的静态应变测试，应选用康铜线栅的应变片；若应变片长期在交变应变下工作，则应选用疲劳寿命长的应变片，等等。

3.1.2　电桥电路

通常构件的应变一般在 10^{-3}～10^{-6}之间，而常规电阻应变计的灵敏系数在 2.0 左右，所以由应变而引起的应变片电阻的变化非常小，难以直接测量。因此，常用电桥电路把应变片阻值的微小变化转换成输出电压的变化，目前均采用惠斯顿电桥电路。

1. 电桥的平衡条件

惠斯顿电桥如图 3-4 所示，图中 R_1、R_2、R_3、R_4 是电桥的四个桥臂，顶点 A、C 和 B、D 分别为电桥的输入端及输出端。设输入端电压为 E，由电工学可知，在 ABC 支路 R_1 的电压降为

$$U_{AB}=E\frac{R_1}{R_1+R_2} \tag{3-3}$$

在 ADC 支路 R_4 的电压降为

$$U_{AD}=E\frac{R_4}{R_3+R_4} \tag{3-4}$$

故电桥在 BD 端的输出电压为

$$U_{BD}=U_{AB}-U_{AD}=E\frac{R_1R_3-R_2R_4}{(R_1+R_2)(R_3+R_4)} \tag{3-5}$$

当电桥的输出电压 $U_{BD}=0$ 时，电桥平衡，故电桥的平衡条件为

$$R_1R_3=R_2R_4 \tag{3-6}$$

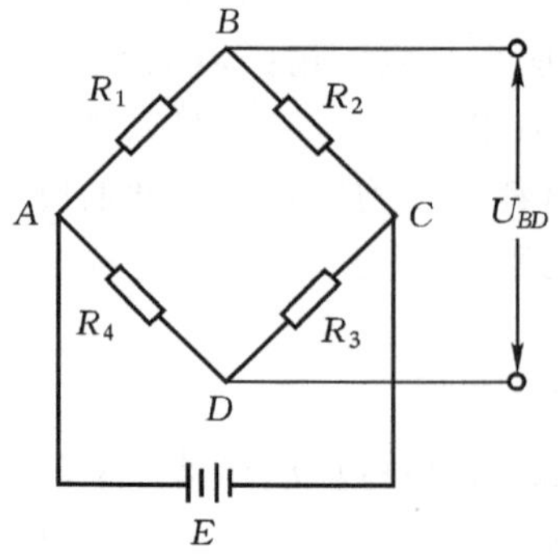

图 3-4　惠斯顿电桥

2. 桥臂电阻值改变与输出电压的关系

设电桥原来处于平衡状态，如果组成电桥四个桥臂的电阻 R_1，R_2，R_3 及 R_4 分别有增量 ΔR_1，ΔR_2，ΔR_3 及 ΔR_4，则电桥的输出电压增量为

$$\Delta U_{BD}=\frac{\partial U_{BD}}{\partial R_1}\Delta R_1+\frac{\partial U_{BD}}{\partial R_2}\Delta R_2+\frac{\partial U_{BD}}{\partial R_3}\Delta R_3+\frac{\partial U_{BD}}{\partial R_4}\Delta R_4 \tag{3-7}$$

由式(3-5)可知

$$\frac{\partial U_{BD}}{\partial R_1}\Delta R_1=E\,\frac{R_1R_2}{(R_1+R_2)^2}\cdot\frac{\Delta R_1}{R_1}$$

$$\frac{\partial U_{BD}}{\partial R_2}\Delta R_2=E\,\frac{-R_1R_2}{(R_1+R_2)^2}\cdot\frac{\Delta R_2}{R_2}$$

$$\frac{\partial U_{BD}}{\partial R_3}\Delta R_3=E\,\frac{R_3R_4}{(R_3+R_4)^2}\cdot\frac{\Delta R_3}{R_3}$$

$$\frac{\partial U_{BD}}{\partial R_4}\Delta R_4=E\,\frac{-R_3R_4}{(R_3+R_4)^2}\cdot\frac{\Delta R_4}{R_4}$$

将以上四式代入式(3-7)得到

$$\Delta U_{BD}=E\left[\frac{R_1R_2}{(R_1+R_2)^2}\left(\frac{\Delta R_1}{R_1}-\frac{\Delta R_2}{R_2}\right)+\frac{R_3R_4}{(R_3+R_4)^2}\left(\frac{\Delta R_3}{R_3}-\frac{\Delta R_4}{R_4}\right)\right] \tag{3-8}$$

当电桥各桥臂电阻的原始阻值都相等时，即 $R_1=R_2=R_3=R_4$，则式(3-8)可写为

$$\Delta U_{BD}=\frac{1}{4}E\left(\frac{\Delta R_1}{R_1}-\frac{\Delta R_2}{R_2}+\frac{\Delta R_3}{R_3}-\frac{\Delta R_4}{R_4}\right) \tag{3-9}$$

如果电桥四臂均接入相同的应变片，则把式(3-2)代入式(3-9)可得

$$\Delta U_{BD}=\frac{1}{4}EK_{片}(\varepsilon_1-\varepsilon_2+\varepsilon_3-\varepsilon_4) \tag{3-10}$$

式中：E，$K_{片}$ 是已知的常数。上式表明电桥的输出电压 ΔU_{BD} 与应变片的应变成线性关系。若电桥相邻的两臂接入应变片，且有应变 ε_1 及 ε_2，而另外两臂为仪器的精密电阻，则式(3-10)可改写为

$$\Delta U_{BD}=\frac{1}{4}EK_{片}(\varepsilon_1-\varepsilon_2) \tag{3-11}$$

若只有一个臂有应变 ε_1，则式(3-10)可改写为

$$\Delta U_{BD}=\frac{1}{4}EK_{片}\ \varepsilon_1 \qquad (3-12)$$

由式(3－9)或式(3－10)可知，组成各桥臂的电阻变化率(应变)对电桥输出电压 ΔU_{BD} 的影响是线性迭加的，即

①若相邻桥臂的电阻变化率(应变)大小相等、符号相同，或相对桥臂的电阻变化率(应变)大小相等、符号相反，则不会影响电桥的输出。

②若相邻桥臂的电阻变化率(应变)大小相等、符号相反，或相对桥臂的电阻变化率(应变)大小相等、符号相同，则电桥输出将为式(3－10)的两倍。

③若相邻桥臂的电阻变化率(应变)大小相等、符号相反，而相对桥臂的电阻变化率(应变)大小相等、符号相同，则电桥输出为式(3－10)的四倍。

3.1.3　温度补偿

当被测构件所处的环境温度变化时，会造成电阻应变计电阻值的变化，另外，当电阻丝材料的线膨胀系数与被测构件材料的线膨胀系数不同时，也会使应变片产生一定的附加应变，从而造成电阻值的变化，上述现象称作温度效应。温度对电阻应变计电阻的影响为

$$\Delta R_1=\alpha_T R\Delta T+K_{片}(\beta_{内}-\beta_{片})R\Delta T \qquad (3-13)$$

式中：α_T 是电阻材料的电阻温度系数；$\beta_{内}$ 是构件材料的线膨胀系数；$\beta_{片}$ 是电阻丝材料的线膨胀系数；ΔT 是温度的变化量。因为温度变化所引起的电阻改变，将会影响测量结果，所以必须消除。消除这种影响的措施，称为温度补偿。常用的一种温度补偿方法是把一相同的应变片粘贴在一块与被测构件材料相同，但不受力的物体上，并使该物体和被测构件处于同一温度环境。贴在被测构件上的应变片称为工作应变片，其电阻用 R_1 表示。设工作应变片产生的应变为 ε_1，ε_1 由两部分组成，$\varepsilon_1=\varepsilon_{1F}+\varepsilon_{1t}$，其中 ε_{1F} 为载荷 F 引起的应变，ε_{1t} 是温度变化引起的应变。贴在不受力物体上的应变片称为温度补偿片，其电阻用 R_2 表示。温度补偿片产生的应变 ε_2 只是由于温度变化而引起的，故 $\varepsilon_2=\varepsilon_{2t}$。温度补偿片与工作应变片的电阻值、灵敏系数和规格等完全相同，两者所粘贴部位的母材相同，并且处于相同温度场，所以 $\varepsilon_{1t}=\varepsilon_{2t}$。在接桥时，若把 R_1 与 R_2 接在相邻的桥臂中(见图 3－5)，则有

$$\Delta U_{BD}=\frac{1}{4}EK_{片}(\varepsilon_{1F}+\varepsilon_{1t}-\varepsilon_{2t})=\frac{1}{4}EK_{片}\ \varepsilon_{1F}$$

这样，电桥输出电压中只包含载荷引起的应变效应，温度的影响已被消除。

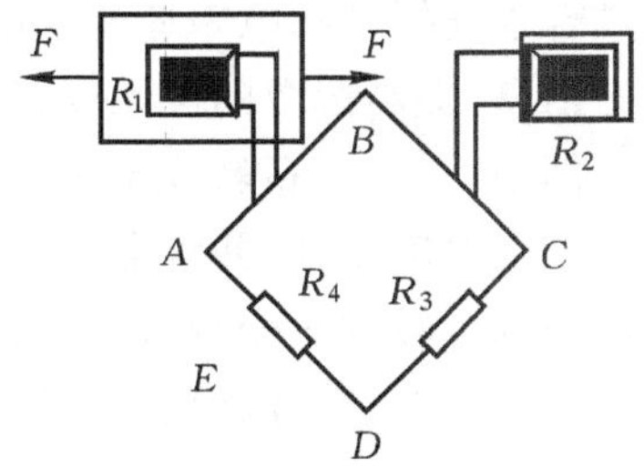

图 3－5　温度补偿

3.2　电阻应变仪

一般情况，构件承受载荷引起的变形很小，因此，电阻应变计的电阻变化率 $\frac{\Delta R}{R}$ 亦很小，则惠斯顿电桥输出端的电压增量 ΔU_{BD} 也很小，所以，必须经过放大器的调理放大，才能将信号有效显示出来。这种专门用来测量应变片电阻变化率并以测量应变为目的的仪器称为电阻应变仪。

电阻应变仪按其可测应变的频率范围分类，一般可分为静态电阻应变仪和动态电阻应变仪两

大类。静态电阻应变仪用来测量不随时间变化(或变化可以忽略不计)的应变信号,动态电阻应变仪用于测量随时间变化的应变信号。下面对两类电阻应变仪的结构及原理作一简单介绍。

3.2.1　静态电阻应变仪

静态电阻应变仪一般由测量电桥、放大器、滤波器和电源等部分组成。电压变换器供给测量电桥稳定的直流电压,测量电桥产生的微弱电压信号,通过放大器和滤波器变为放大的模拟电压信号,经 A/D 转换器,最后将电压 ΔU_{BD} 转换为应变的数值。图 3-6 是静态电阻应变仪的工作原理框图。

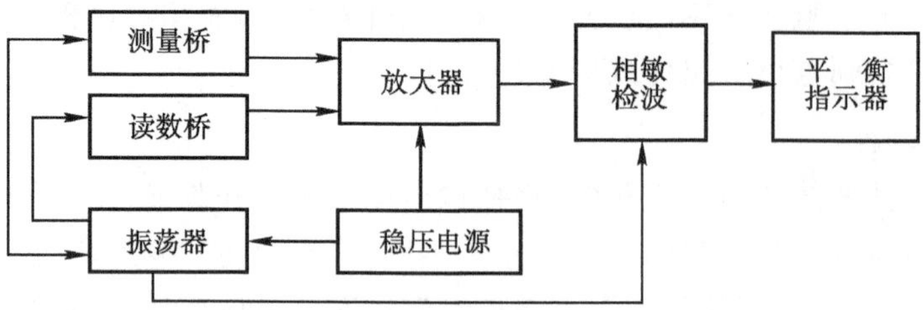

图 3-6　静态电阻应变仪结构框图

3.2.2　测量桥路接法

在式(3-10)中,$\frac{K_{片} E}{4}$ 是一个常数,而电阻应变仪上读得的线应变 $\varepsilon_{读}$ 可表示为

$$\varepsilon_{读}=\frac{4}{K_{片} E}\Delta U_{BD}=\varepsilon_1-\varepsilon_2+\varepsilon_3-\varepsilon_4 \tag{3-14}$$

由上式可见,应变仪的读数 $\varepsilon_{读}$ 具有的特性为相对桥臂信号相加、相邻桥臂信号相减。所以,通过合理选择粘贴电阻应变片的方位和接桥方式,利用惠斯顿电桥的输出性质,既能分离出需要的信息、提高读数的灵敏度,又能消除不需要的信息或影响因素。

例如:一承受扭转变形的圆轴,在圆轴同一横截面对径的表面上沿与其轴线成±45°方向贴 4 枚电阻应变计,并将它们合适地接入惠斯顿电桥的四个桥臂(全桥接法),如图 3-7 所示。根据圆轴扭转的应变分析可知,由于电阻应变计 R_1 和 R_3 均沿主拉应变方向,R_2 和 R_4 均沿主压应变方向,并且该测点的线应变关系有 $\varepsilon_{拉}=-\varepsilon_{压}$,从而,由式(3-14)得

$$\varepsilon_{读}=\varepsilon_1-\varepsilon_2+\varepsilon_3-\varepsilon_4=4\varepsilon_{拉}$$

由此可见,采用这种接桥方式,应变仪的读数为 $\varepsilon_{拉}$ 的 4 倍,测量灵敏度比只用一个工作应变片明显地提高了,同时也满足温度补偿的要求。采用不同的桥路接线方式,有时还能消除一些内力因素,而只保留一种内力因素。

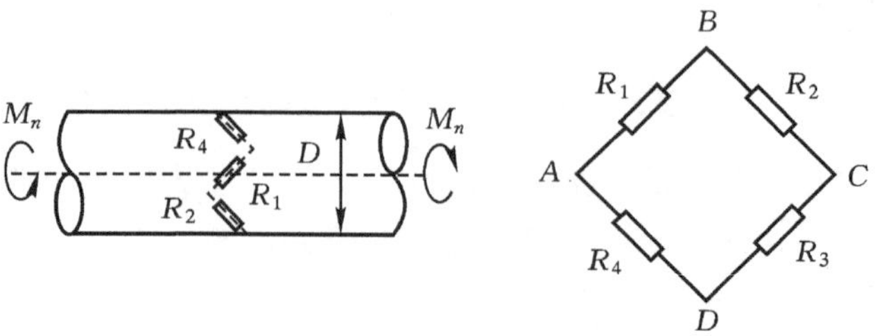

图 3-7　受扭圆轴应变片布置及惠斯顿桥路接法

3.2.3　静态电阻应变仪使用方法

下面以 CM－1L 型应变 & 力综合测试仪为例，说明静态电阻应变仪的使用方法。CM－1L 型应变 & 力综合测试仪面板如图 3－8 所示。

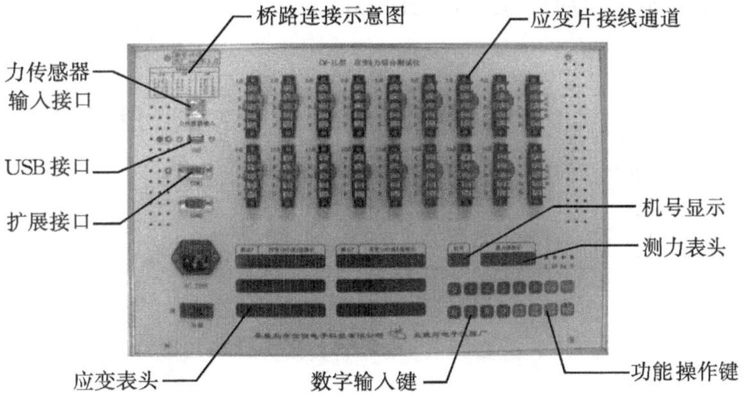

图 3－8　CM－1L 型应变 & 力综合测试仪

1. 主要操作步骤

(1)连接仪器电源线、力传感器接线。

(2)打开电源开关，开机自检后机号显示位闪烁，由数字键输入该仪器在测试系统中的编号后点击“确定”。

(3)标定力传感器

① 设置传感器单位。按一下面板上的“标定”键，这时测力显示窗左侧第一位显示 L，在这种状态下，仪器面板上的数字键 1～ 4 与力值单位指示灯 t、kN、kg、N 顺序对应，根据传感器的单位按一下对应的数字键，面板上对应的单位指示灯亮，按下“确定”键保存设置。

② 设置传感器灵敏度。传感器单位设置完成后，这时测力显示窗显示出带小数点的四位数字，输入传感器灵敏度，如 1.988 mV/V，直接按数字键 1、9、8、8 即可(注意：一定要输全四个数字)，按“确定”键保存设置。

③ 设置传感器满量程。传感器灵敏度设置完成后，测力显示窗左侧第一位显示 H，右侧四位显示满度值，这时输入传感器的满量程值，如 100 N，直接按数字键 1、0、0 即可，按“确定”键保存设置。

(4)设置应变片灵敏系数 K 值。当仪器处于测量状态时，按下“K 值设置”键，应变显示窗就切换到 K 值修正界面，这时可以查看或修正 K 值。

①若要对当前通道的 K 值进行修改，输入数字键并按“确定”键即可(假设当前 K 值为 2.000，要修正成 2.018，依次输入 2、0、1、8，则 K 值指示修正为 2.018。完成设置后，按“确定”键保存对当前通道 K 值的修正)，并自动切换到下一通道。

②若要对全部 16 个通道一次设置为同一个 K 值，输入相应数字后，再次按下“K 值设置”键，则 16 个通道的 K 值统一修改为与当前通道相同的数值，并自动保存退回到测量界面。

(5)连接测量桥路。桥路可分为 1/4 桥、半桥和全桥三种。仪器面板左上角有各种桥路连接方法的示意图。

①1/4 桥接法。将工作应变片接在应变接线通道的 $A-B$ 之间，用短接片将各通道的 B 和 B_1 点相连，D 点用短接线连接并接至最右侧的点 D_1，公共的温度补偿片接在最右侧温度补偿通道的 $A-D$ 之间，如图 3 - 9 所示。此时测量电桥的两个桥臂分别是工作片 R_1 和温度补偿片 R_2，另外两个桥臂是电阻应变仪设置的内部电阻。

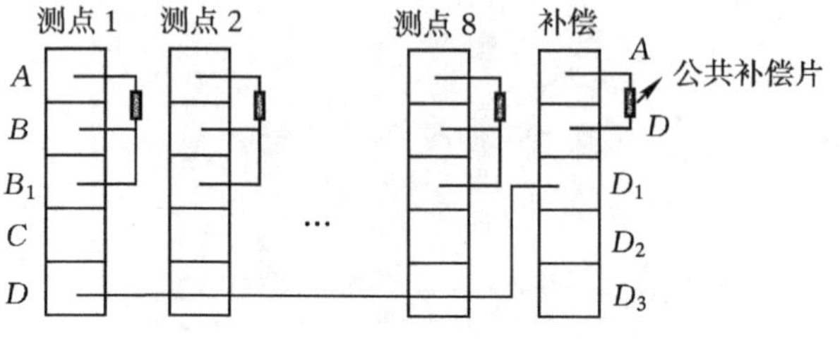

图 3 - 9　1/4 桥接线方

②半桥接法。在应变接线通道的 $A-B$ 和 $B-C$ 两个相邻的桥臂上均接入工作应变片，并将该通道的 D 点与补偿通道的 D_3 点用短接线连接，如图 3 - 10 所示。此时测量电桥的两个桥臂分别是应变片 R_1 和 R_2，另外两个桥臂是电阻应变仪设置的内部电阻。

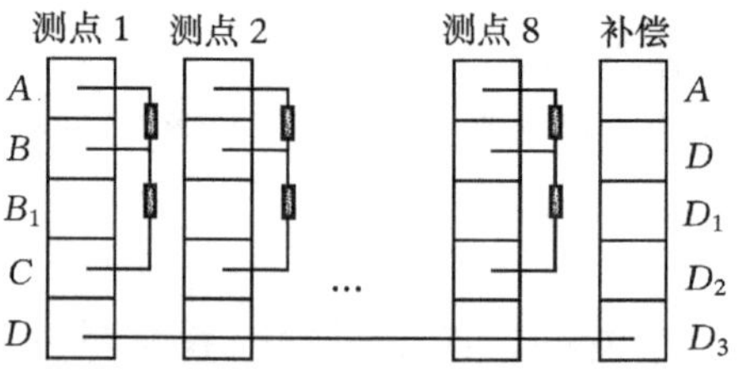

图 3 - 10　半桥接线方法

③ 全桥接法。在应变接线通道的 $A-B$、$B-C$、$C-D$ 和 $D-A$ 之间分别接入电阻应变计，此时测量电桥的四个桥臂均为电阻应变计，如图 3 - 11 所示。

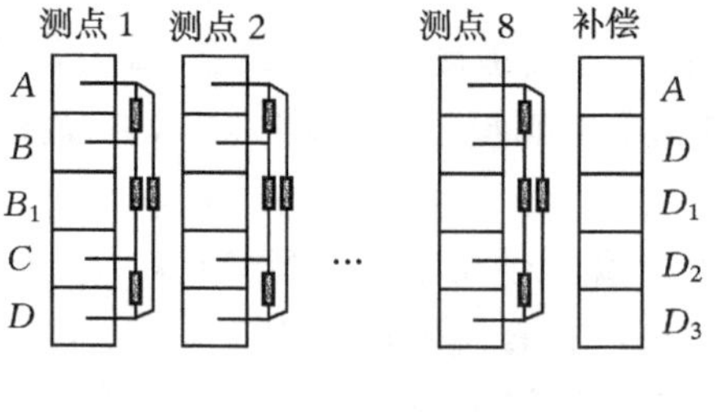

图 3 - 11　全桥接线方法

④ 全桥、半桥、1/4 桥混合接线。为了使用方便，本应变仪每一组内的通道也可根据需要组成不同方式的电桥。全桥、半桥、1/4 的混合接线如图 3 - 12 所示。

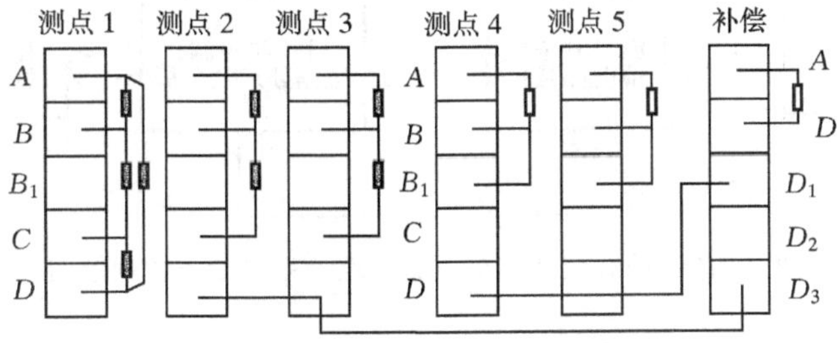

图 3-12　混合桥接线方法

应变片的连接导线应使用屏蔽电缆，每一组导线的长度应尽可能相等；应变片阻值要预先测量挑选，使其基本相等，以利于桥路平衡。

(6)应力清零。确认加载装置未对实验构件施加任何载荷时，按下“应力清零”键，对所有传感器输入通道清零。

(7)应变清零。按下“应变清零”键，对所有应变通道进行清零。

(8)加载。按照要求给实验构件施加载荷。

(9)读取数据，记录各测点应变值。应变显示窗左侧第 1～2 位显示通道位置，第 3 位显示应变正负号，第 4～8 位显示应变值(在 K 值修正界面时，显示仪器设置的是应变片灵敏系数)，预热 20 分钟后，检查每个通道初始不平衡值，如数值较小并稳定，表示此测点连接正确。出现大的不平衡值或字符“E”时，应检查应变片或导线是否断、短路，或出现其他异常情况，根据具体情况排除故障。

(10)页面显示切换。按数字键 1、2、3 来实现页面切换。输入 1，应变显示窗显示 1～6 通道应变；输入 2，显示 7～12 通道应变；输入 3，显示 13～16 通道应变。

(11)实验结束后卸去载荷，关闭仪器电源，拆除连接线。

2. 注意事项

(1)仪器应在 0 ℃～40 ℃的温度环境中使用。

(2)应避免仪器在强电场中使用，输入和输出电缆应远离电力线、变压器及其他干扰源。

(3)勿在高温、高湿度的环境下存放和使用仪器，勿将仪器直接在阳光下暴晒。

(4)在测量过程中，保证连接点螺丝旋紧，且不得触动导线以免接触电阻及线间电容发生变化。

(5)温度补偿片与工作片保持一致的几个主要方面：应变片一致、所粘贴部位的母材一致、温度环境一致。

3.3　静态应变多测点自动巡检系统

图 3-13 所示为静态应变多测点自动巡检系统工作原理框图。本测量系统是通过计算机控制 DH3816 静态应变测量仪，对 60(最多可配 60×16)个测点进行自动平衡，快速测量存贮，并能将所测数据按程序进行计算处理和打印。

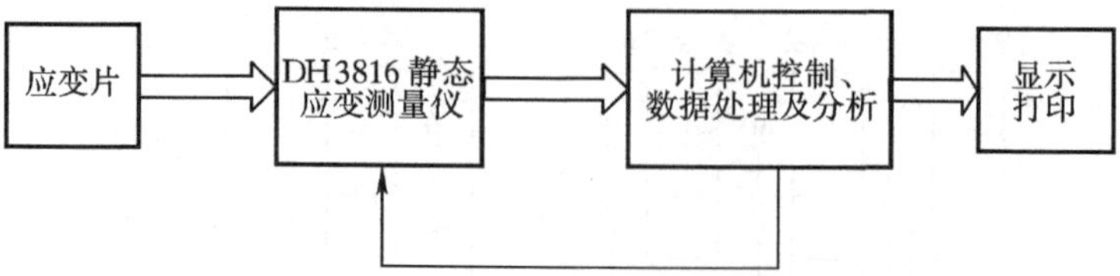

图 3-13　静态应变多测点自动巡检系统工作原理框图

3.3.1　操作步骤

(1)用随机所带的串行通讯长电缆将计算机串行口 1# 与采集箱的 RS-232C 输入口连接。

(2)接通采集箱和计算机电源(交流电 220V)。

(3)将电阻应变计按要求接桥形式(1/4 桥、半桥或全桥)接入采集箱的接线柱(A,B,C,D)上。

(4)在 WinXP(或 Winxx)平台下进入快捷“DH3816”后,进行下列操作。

① 用鼠标激活“帮助”中的“使用帮助”,详细阅读系统使用说明。

② 激活“采样”下的“查找机箱”(端口 COM1 或 COM2,波特率为 4800 bps),等查找到机箱后单击“确定”。

③激活“参数设置”下的“工作测点设置”、“测点特性设置”、“应变装置设置”及“电桥及试件参数”等项目,并逐一按屏幕提示设定参数。

④ 激活“采样”下的“平衡操作”,系统将对全部测点进行自动平衡,并显示平衡结果于屏幕上,然后可退出。

⑤ 激活“采样”下的“试采样”,随后,屏幕上将显示出试采样结果表,提供检查各测点的接入情况,然后可退出。

⑥ 激活“采样”下的“单次采样”或“定时采样”。由于 60 点单次采样整个过程(包括采集、传送、存贮)需时约 3 秒(当多台 DH3816 组成测试系统时,所需时间约为 5 秒),所以,在定时采样中设定多次采样间隔小于 3 秒无实际意义。当完成多次采样后,每次采样结果表可通过激活▲或▼逐次查看。

⑦ 采样结束后,若需查看某次(或某时间)的采样结果表,激活“显示”中的“设置”即可将所要结果表显示在屏幕上。

⑧ 若要打印某结果,激活“打印”即可。

⑨ 若要将采样结果存入文件,击活“文件”的“另存到” 即可将当前打开的数据文件复制到其他盘,还可将采集的数据转换为 Excel 等其他格式文件。

⑩ 退出系统,点击“文件”中的“退出”即可。

3.3.2　注意事项

(1)在关闭电源状态下连接采集箱和计算机。

(2)确保各仪器接地状态良好。

(3)确保各连接线牢靠。

3.4　动态应变放大器及数据采集分析系统

如果作用于构件上的载荷随时间变化或者载荷不变而测试对象的状态随时间变化,则构件内产生的应变(和应力)也将随之改变,这种应变称为动态应变。由材料力学知,只要应变量在材料的线弹性范围内，胡克定律仍然适用。因此，测得动态应变后，即可根据应力应变关系求得动态应力。

动态应变与静态应变的测量方法不尽相同。静态应变仪是采用电桥零读数法直接读出应变值。而动态应变必须利用仪器把应变随时间的变化采集记录下来，再进行处理分析(见图 3-14(a))，或将应变片接受到的信号采集并输入计算机进行分析处理(见图 3-14(b))。

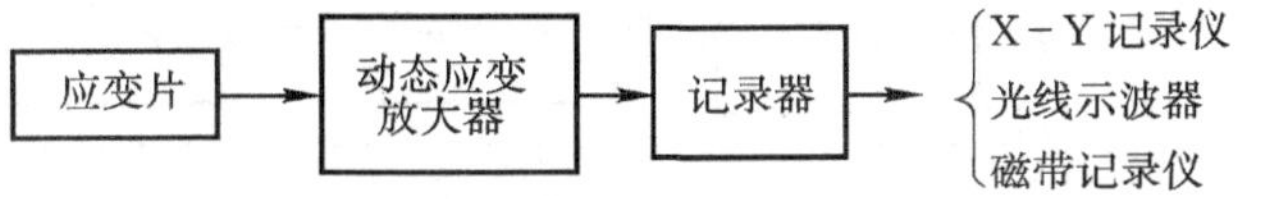

(a)

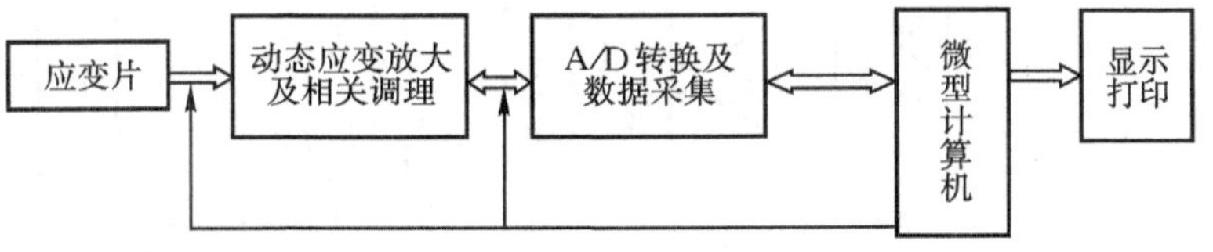

(b)

图 3-14　动态测试系统示意框图

3.4.1　动态应变测试系统基本组成

图 3-15 为 DH5920 测试系统调理、采集原理示意图和仪器照片，该测试系统主要由应变放大、调理、数据采集、控制器和计算机组成。

(1) DH5920 测试系统，由一通道测控器和 16 通道应变放大、调理、采集等构成。通过计算机、控制软件及 1394 口与应变放大调理、采集系统联通，实现所有参数设置、系统控制。

(2)DH5920 测试系统，16 个通道的频带宽度为 0～50 kHz，采样速率可达 128 kHz。通过计算机可远距离实现实时同步采样、传送、显示、存贮及分析处理。

3.4.2　操作步骤

(1)在关电的条件下，按测量要求接好 DH3810 调理桥盒，用随测试系统配带的 1394 通讯线将 DH5920 数据采集仪与计算机连接，并确保测试系统和测试对象之间良好接地。

(2)在 WinXP 软件系统平台下，激活桌面上的快捷 DHDAS(信号测试分析系统)进入测试控制分析系统(可激活【帮助】中的“帮助主题”，详细阅览操作规程、系统各功能简介及软件说明等内容)。

(3)激活功能栏【文件】中的“新建项目”，并按照提示要求键入文件名，然后保存此文件。

(4)设置“通道参数”中的“测量类型”、“通道子参数”项目或给予确认。

(5)点击【设置】，分别对“运行参数”中的“通道设置”、“信号选择”中的“信号类型”、“图形属性”中的“坐标、选项、线性、字体、颜色”等相关参数设置或给予确认。

(6)激活【控制】中的“平衡”、“清除零点”，对所有选定通道进行自动平衡，并清除其零点。

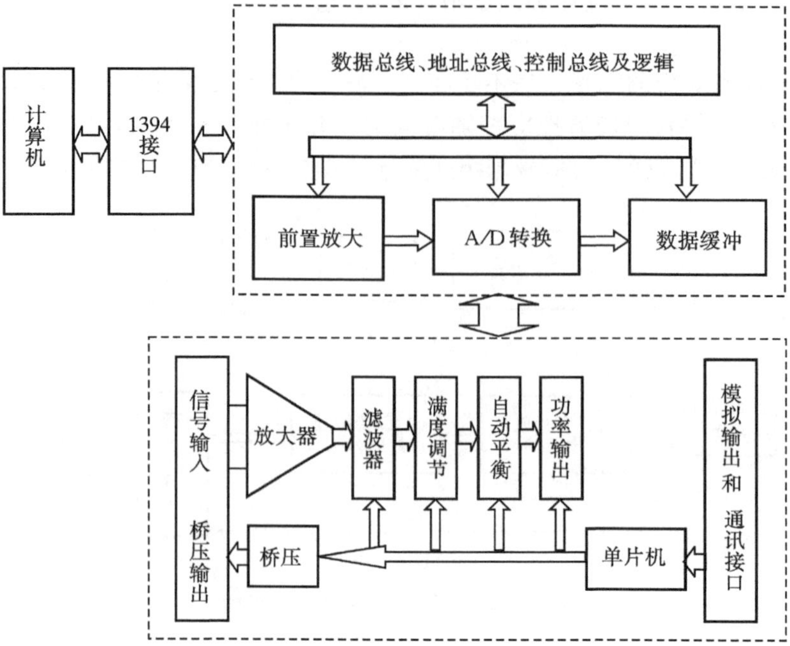

(a)测试系统调理、采集原理示意框图

(b)DH5920 测试仪器照片

图 3-15　测试系统调理、采集原理示意图和仪器照片

(7)当各项目设置好后，即可进行采样。激活界面右侧软热键绿色三角形▶，即启动采样；然后根据需要激活暂停采样 II 或停止采样■。

(8)若要详细查看、分析或编辑采样结果，通过【文件】中的"打开项目"即弹出所存的数据文件。然后通过【文件】中的"保存项目"、"另存数据为"等，将分析或编辑过的内容另外保存成 Excel 等其他格式文件。

(9)激活【文件】中的"退出"或屏幕右上角的"×"退出测试系统。

3.4.3　注意事项

(1)在关闭电源的状态下，连接 DH3810 调理桥盒。

(2)确保测试系统和测试对象之间接地状态良好。

(3)确保各连接线接触良好、稳定牢靠。

4. 电阻应变式传感器

电阻应变计是一种可以把构件的应变转换成电阻变化量的敏感元件。因此，任何物理量(如力、压强、位移、加速度及温度等)只要能设法转换为某元件的应变，都可以利用应变计进行间接测量，即只要把被测的物理量通过粘贴在一特殊结构件(通常称为弹性体元件)上的电阻应变计转换为与其成比例的电阻变化量，再将此电阻变化量由下一级仪器测量或记录，从而根据一定的关系得到所要确定的物理量。这种以电阻应变计为敏感元件，将被测物理量转换为电信号的器件，通常称为电阻应变计式传感器。

电阻应变计式传感器，可用于测定多种物理量，根据所测物理量的不同，对传感器性能、结构的要求不尽相同，并对其冠以不同的名称，如力传感器、压强(力)传感器、位移或变形传感器、扭转传感器、加速度传感器等等。这些电阻应变计式传感器主要是由电阻应变计、弹性体元件及某些附件组成，其中弹性体元件是传感器的关键结构件，对它的材料、结构、热处理工艺及加工精度都有一定的要求，以便保证传感器具有高的灵敏度和精度。

4.1　拉压力传感器

电阻应变计式拉压力传感器的弹性体元件可以做成柱式、环式或薄片等形式，它具有合适的刚度和强度。在结构方面，它应当只受到被测量载荷的作用，尽量减少其他作用的影响。弹性体元件的最大工作应力应处于材料的线弹性范围内，但在粘贴电阻应变计部位的应变又不能太低，以保证使传感器得到较大的输出电信号，获得高的灵敏度。

4.1.1　筒式拉压力传感器

图 4-1(a)所示为常用的一种筒式拉压力传感器结构示意图。它的弹性体元件是空心圆筒，以便于粘贴电阻应变计和易于热处理，同时可提高抗弯截面模量，减少弯曲应力。在外力 F 作用下，圆筒产生轴向应变 ε_l，在线弹性范围内，应变 ε_l 与外力成正比，即 $F=\sigma A=E\varepsilon_l A$(式中 A 为圆筒横截面面积、E 为圆筒材料的拉压弹性模量)，通过粘贴在圆筒上的电阻应变计测出应变值 ε_l，即可得到外力 F 的大小。实际上，由于很难严格保证作用力通过圆筒的轴线，因此，在圆筒承受轴向拉(或压)力的同时，还会受到弯矩的作用。为了消除这种影响，需在布片和组桥方式上采取相应措施，如图 4-1(b)，(c)所示，在圆筒中部的四等分圆周上沿轴向和横向各粘贴四个相同的电阻应变计，并将它们组成串联式全桥接入电阻应变仪中，得到读数应变为

$$\varepsilon_{读}=2(1+\mu)\varepsilon_l \tag{4-1}$$

从而由前述关系 $F=E\varepsilon_l A$ 得到外力与读数应变间的关系为

$$F=\frac{EA}{2(1+\mu)}\varepsilon_{读} \tag{4-2}$$

4.1.2　环式弹性体元件的拉压力传感器

环式弹性体元件的拉压力传感器如图 4-2(a)所示。这种弹性体元件的优点在于结构比较简单、自振频率高、并且内力分布变化大，如图 4-2(b)所示。

由于弹性体元件上不同位置的应变有正有负，因此有利于组桥，得到较大的输出，以利于

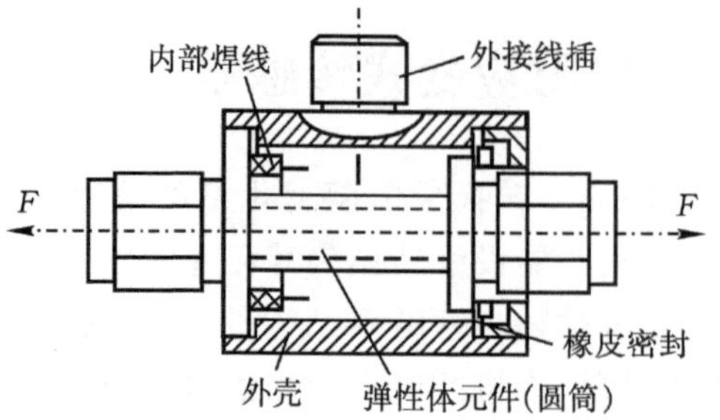

(a)结构示意图

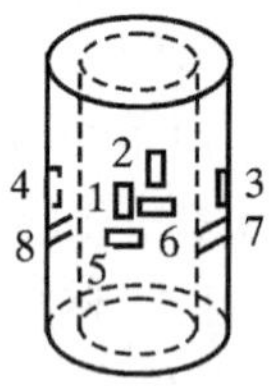

(b)空心圆柱弹性体元件及布片图

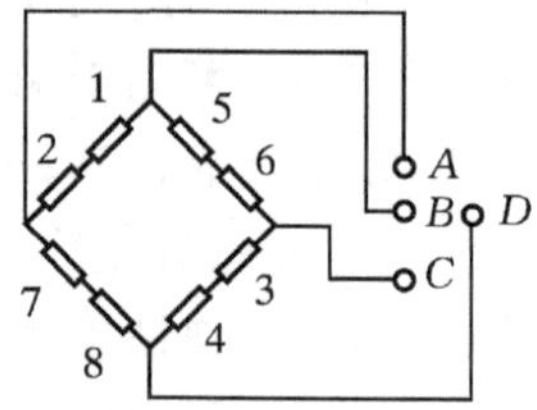

(c)应变片桥路接法

图 4-1　筒式拉压力传感器原理示意图

提高测试灵敏度。若按图 4-2(a)粘贴四枚电阻应变计，并按图 4-2(c)组成全桥接入电阻应变仪，则得到的应变读数为

$$\varepsilon_{读}=(2\varepsilon_{k_1}+2\varepsilon_{k_2})=\frac{2}{EW}(M_{k_1}+M_{k_2}) \tag{4-3}$$

式中：E、W 分别为圆环弹性体材料的拉(压)弹性模量和弹性体元件的抗弯截面系数；M_{k_1}、M_{k_2} 分别为圆环上 k_1、k_2 两对应位置的弯矩，其表达式分别为

$$\left.\begin{aligned} M_{k_1}&=\frac{1}{2}FR\left(\frac{\sin\varphi_0}{\varphi_0}-\cos\varphi_0\right)\\ M_{k_2}&=\frac{1}{2}FR\left(\frac{\sin\varphi_0}{\varphi_0}-1\right)\end{aligned}\right\} \tag{4-4}$$

由式(4-3)和式(4-4)即可得到力 F 与应变读数的关系

$$F=\frac{EW}{R\left(2\dfrac{\sin\varphi_0}{\varphi_0}-\cos\varphi_0-1\right)}\varepsilon_{读} \tag{4-5}$$

通过上述分析推导，分别得到的关系式(4-2)和式(4-5)，这些关系式仅仅是理论计算关系。实际上，由于随着施加载荷的增大，截面尺寸等是随着变化的，因此，在试用前，对每一个传感器的读数应变与力之间的关系都要由严格的标定试验来确定。所谓标定，就是在测力传感器上施加已知的标准载荷 F，以得出应变仪(或到记录仪)上的指示量与作用力之间的关系。如：载荷 F-应变 ε 曲线，即标定曲线，或者标准载荷与输出结果的对应表格并拟合曲线。在使用时，测力传感器用来测定未知力的数值，根据应变仪显示出的应变读数，由标定曲线或表格查出其所对应力的数值，或者由下一级仪器直接示出。

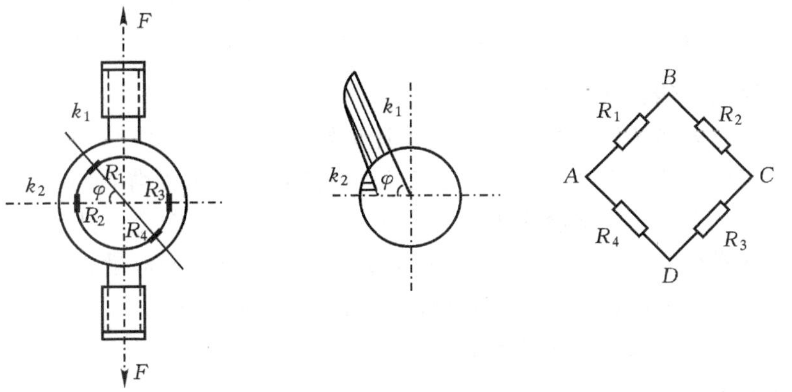

(a)圆环式弹性体元件及布片图　(b)弹性体元件弯矩分布图　(c)应变片桥路接法

图 4-2　圆环式弹性体元件、布片及组桥示意图

4.2　引伸计

引伸计是用于测试变形的传感器。按照引伸计的测试转换原理大致可分为机械式、电阻式、电容式、电感式和光电式等。这些引伸计的灵敏度一般可达 1 微米(μm)甚至更高。对于电子万能试验机，一般配置电阻式引伸计，用于测量试样的变形量。电阻式引伸计具有结构简单、稳定可靠、使用方便等优点。

4.2.1　电阻式引伸计的结构及工作原理

图 4-3 为常用的一种电阻式引伸计结构示意图及照片。该类传感器主要由弹性体元件、电阻应变计、变形传递结构(刀刃、弹簧夹、支臂)、标距定位杆和垫片等组成。在弹性体上粘贴有一组电阻应变计并组成全桥。当测量试样变形时，用弹簧卡(或橡皮筋)将引伸计的两个刀刃装卡于试样上；对试样施加变形，引伸计的弹性体随试样一起产生相应的变形，同时，粘贴在弹性体上的电阻应变计由组成的桥路输出电压信号，在计算机变形通道按照引伸计与测试系统的标定关系显示试样的变形量。

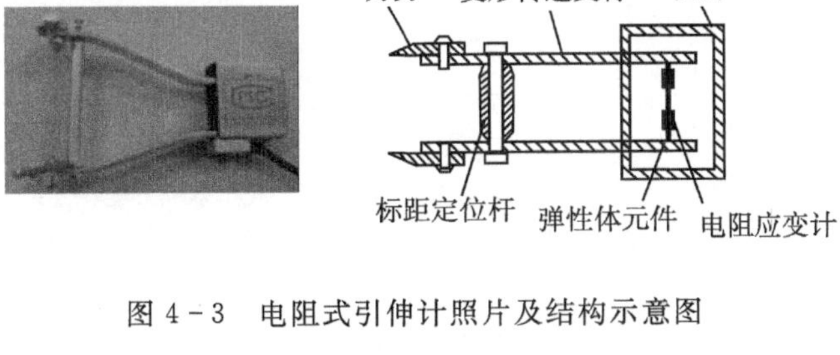

图 4-3　电阻式引伸计照片及结构示意图

电阻式引伸计主要参数为标距和量程。在使用引伸计测量试样变形时，务必注意选用合适的标距和量程。

(1)标距。标距是指引伸计两个刀刃之间的初始间距，通常用 L_e表示。L_e的范围一般为 25～100 mm。但可根据实际需要，方便地选购更小或更大 L_e范围的引伸计。

(2)量程。量程是指引伸计测量变形量的范围。一般情况,引伸计的变形范围是其标距的5%～20%。同样可根据实际需要,方便地选购更小或更大量程的引伸计。

4.2.2 电阻式引伸计使用方法

(1)将与试验测试系统组配标定好的引伸计良好连接于对应接口。

(2)把标距定位杆垫片卡在支臂和标距定位杆之间,压紧两支臂,使两刀刃垂直接触试样平行段中间,用弹簧卡或橡皮筋将引伸计装卡于试样上,拨下标距定位杆垫片。

(3)调整测试系统零点后即可开始试验,测试系统实时测得变形量。

(4)当测到所需数据后,适时取下引伸计,关闭与测试系统的连接。

(5)将引伸计合适地放于包装盒中。

4.2.3 注意事项

(1)使用引伸计时,确认选择的标距和量程合适,并适时从试样上取下。

(2)引伸计标距定位杆两端的螺钉不要取下,以防两支臂张开过大,造成弹性体元件变形超界和应变计失效,导致引伸计损坏。

(3)引伸计属于微米(μm)级精密变形传感器,轻拿轻放,刀刃要保持锋利,不要摔碰。

第二部分

实验项目

5. 拉伸试验

5.1 概　述

材料的力学性能,反映了在一定环境条件下材料受力和变形之间的关系及破坏的特性,决定着材料的适用条件和范围。而材料力学性能的确定,只有通过试验才能得到。拉伸试验是材料力学性能试验中最基本、最重要的试验之一。通过拉伸试验可以测定材料在静拉伸条件下的强度、弹性、塑性、应变硬化等多项重要的力学性能指标,同时,可以观察到拉伸载荷作用下材料的变形及失效行为或失效特征,而且由此结果还能推断(或预测)出材料在其他变形形式下的某些力学性能,如疲劳、断裂性能等。在工程应用中,拉伸性能是分析结构静强度设计是否合理和评定材质或工艺优劣,以及分析构件受力破坏原因等的重要依据。本试验项目介绍在室温大气环境、准静态单向拉伸载荷作用下,用光滑试样测定的材料力学性能指标,并绘制相应的特性曲线,使试验者对典型材料的性质有较好的认识。

5.2 试验目的

(1) 测定低碳钢材料的屈服极限 R_{eL}(σ_{sL}—说明:括号内为旧标准符号,以下同)、抗拉强度 R_m(σ_b)、断后伸长率 A(δ)及断面收缩率 Z(ψ)。

(2) 测定灰铸铁材料的抗拉强度 R_m(σ_b)。

(3) 观察低碳钢和灰铸铁材料拉伸试验过程的变形现象,并分析比较其破坏断口的特征。

5.3 仪器设备及量具

(1)微机控制电子万能材料试验机系统。

(2)游标卡尺。

(3)做标记用工具。

5.4 试样制备

根据国家标准,拉伸试样的截面形状可制成圆棒形或矩形。圆棒形试样如图 5-1 所示,试样中部的平行均匀段长度 l_c 称为工作部分,用于测定材料拉伸力学性能指标,其表面粗糙度 R 和圆弧过渡 r 应符合国家标准 GB/T228—2002《金属材料室温拉伸试验方法》的要求;d 为试样直径，l_0称为标距；试样两端较粗部分是夹持段，装卡于试验机上下夹头中，用于承传拉伸试验过程的拉力。

试验表明，试样尺寸和形状对试验结果有影响。为避免这种影响，使各种材料力学性质的数值能互相比较，在国家标准 GB/T228—2002《金属材料室温拉伸试验方法》中，对试样尺寸和形状做出了统一的规定。根据此标准，拉伸试样分为比例试样和非比例试样（也称定标距试样）两种。

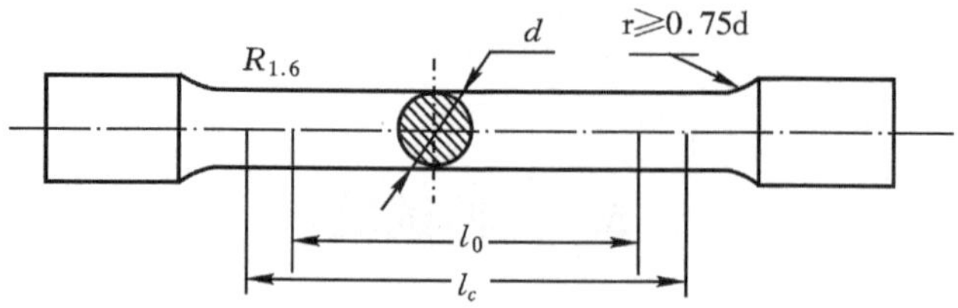

图 5－1　圆棒形拉伸试样示意图

1. 比例试样

比例试样是指标距长度 l_0与最小横截面原始面积 S_0（A_0为旧标准符号）间具有下列关系的试样，即

$$l_0 = k\sqrt{S_0} \tag{5-1}$$

式中：系数 k 为比例系数。

对于比例试样，应采用比例系数 k ＝ 5.65 的值（为国际通用），除非采用此比例系数时不满足最小标距 15 mm 的要求。在必须采用其他比例系数的情况下，优先采用 k ＝ 11.3 的值。

一般情况下，带头的圆棒形横截面比例试样平行段长度 $l_c \geq l_0 + 2d$。

对于仲裁试验，带头的圆棒形横截面比例试样平行段长度 $l_c = l_0 + 2d$。

对于圆棒形试样的横截面原始面积 S_0按照以下原则确定：在试样标距的两端及中间三处横截面上相互垂直的两个方向测量直径，取三处测量直径平均值中最小值来计算试样横截面原始面积 S_0。

2. 非比例试样

非比例试样的标距与试样横截面原始面积不存在式（5－1）的关系。产品标准或协议可以规定采用非比例试样。

对于采用其他比例系数的比例标距或非比例标距测定的断后伸长率时，符号 A 应分别标注下脚注说明所使用的比例系数值或非比例标距的长度，例如：比例系数 k ＝11.3 和非比例标距长度为 100 mm，则断后伸长率分别记为 $A_{11.3}$和 A_{100mm}。

5.5　原理及方法

材料的拉伸力学性能指标 R_{eL}、R_m、A 及 Z 等由拉伸破坏试验测定得到。这项试验在拉力试验机或万能材料试验机上进行。

5.5.1　低碳钢材料拉伸试验

低碳钢是工程上广泛使用的塑性金属材料，其力学性能具有一定的典型性。试验时，利用试验机的自动绘图器可绘出低碳钢的拉伸特性图，如图 5－2 所示。拉伸特性曲线反映了低碳钢试样从开始加载直至断裂全过程力和变形的关系。应该指出，图 5－2 中的拉伸变形 Δl 是整个试样的伸长(即不只是标距部分的伸长)，还包括夹块与夹持段间可能发生的滑动、试验机本身的变形等。

1. 低碳钢材料拉伸特性曲线

根据低碳钢材料拉伸特性曲线的特征，其大致可分为四个阶段。

① OA 段为弹性阶段，载荷与变形成正比。

② BC 段为屈服阶段(图中锯齿形曲线)，呈现出在载荷不增加或波动时试样仍能继续伸长的特性。与 B 点对应的应力为上屈服点，与 B'点对应的应力为下屈服点，由于上屈服点受变形速度及试样形式等因素的影响比较敏感，而下屈服点比较稳定，故工程上均以下屈服点作为材料的屈服极限。屈服极限 R_{eL} 按公式 $R_{eL}=\dfrac{F_{eL}}{S_0}$ 确定。

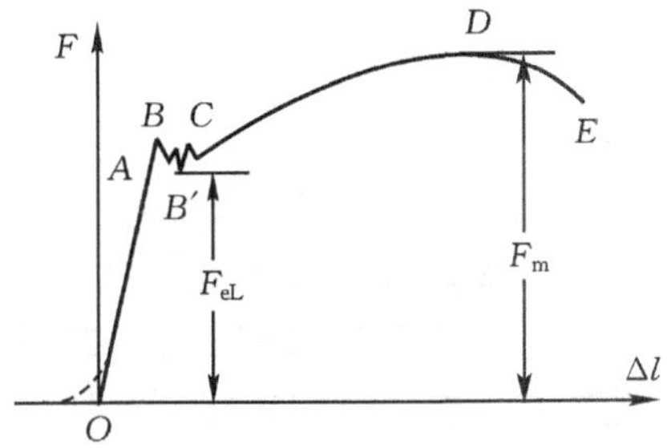

图 5－2　低碳钢材料拉伸特性曲线

③ CD 段为强化阶段(由屈服终点 C 至最大载荷 F_m 对应点 D)，在载荷达到 D 点以前，试样标距范围内是均匀变形；与最大载荷 F_m 对应的应力称之为抗拉强度 R_m，按公式 $R_m=\dfrac{F_m}{S_0}$ 确定。

④ DE 段为局部变形阶段(从最大载荷 F_m 对应点 D 至试样破坏对应点 E)，试样拉伸变形集中发生在平行段某一区域的特殊现象，习惯上称为“颈缩”现象(见图 5－3)，直至试样被拉伸断裂，这一阶段称为局部变形阶段或“颈缩”阶段。由于颈缩区的截面积迅速减小，因此，使试样继续变形所需的载荷反而变小。

试样断裂后，弹性变形消失，而塑性变形却残留下来。试样的标距长度由 l_0 伸长为 l_u，断口处的横截面面积由原来的 S_0 缩小为 S_u，它们的相对残余变形常用来衡量材料的塑性性能。工程中常用的两个塑性指标是断后延伸率 A 和断面收缩率 Z。并且，依据试样拉伸断裂后塑性变形的大小来区分塑性或脆性材料，根据标准把 $A\geqslant 5\%$ 的材料称为塑性材料，$A<5\%$ 的材料称为脆性材料。

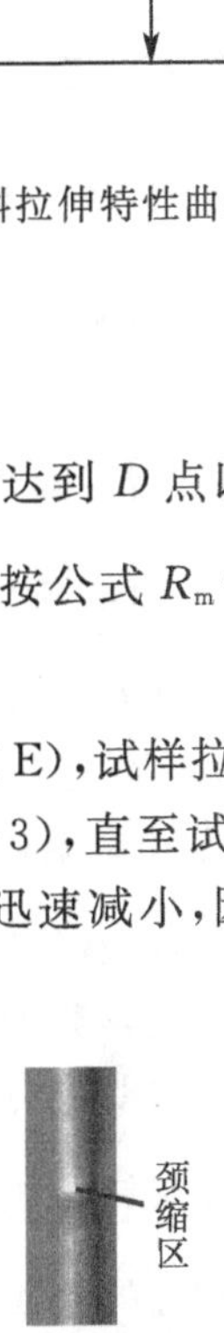

图 5－3　低碳钢圆棒试样拉伸颈缩现象

2. 断面收缩率 Z 确定方法

断面收缩率 Z 按公式 $Z=\dfrac{S_0-S_u}{S_0}\times 100\%$ 计算，其中 S_u 为颈缩处的最小横截面面积。由于断口截面不是规则的圆棒形，所以，应将拉断为两段的试样紧密地对拼于一起，在颈缩区两个相互垂直方向上量取最小截面的直径，以其平均值计算 S_u。

3. 断后伸长率 A 确定方法

断后伸长率 A 按公式 $A=\dfrac{l_u-l_0}{l_0}\times 100\%$ 计算，其中 l_u 为试样拉断后将两段试样紧密地对拼于一起时原标距 l_0 两端点间的距离。由于低碳钢材料试样拉伸至断裂有颈缩发生，愈靠近颈缩断口其塑性变形愈大(见图 5－4)，所以，分布在颈缩区的变形对试样的绝对伸长量 $\Delta l=l_u-l_0$ 的贡献就大。因此，确定 l_u 应充分考虑颈缩断口位置的影响。l_u 的确定方法如下(事先

将原试样标距段 l_0 分成 10 等份，并刻划等分 0～10 标记线，见图 5-5(a))。

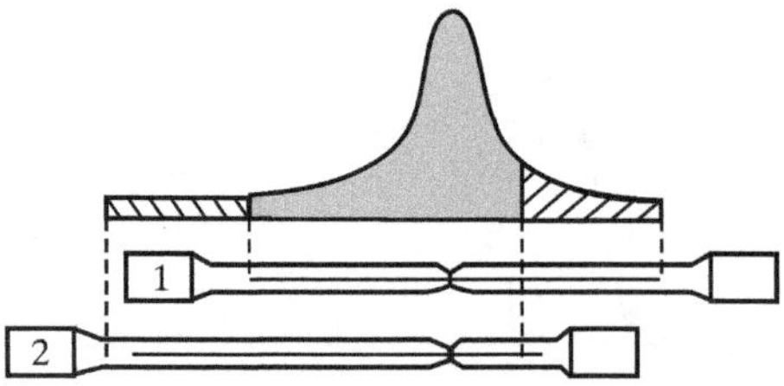

图 5-4　断口部位对 A 的影响示意图

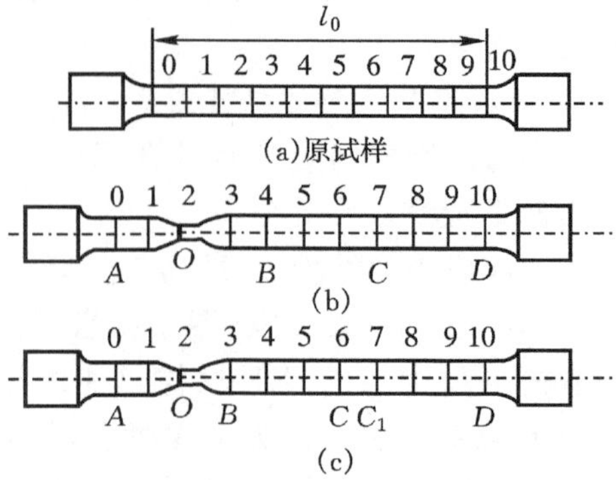

图 5-5　移中法确定 l_u 的示意图

① 当颈缩断口位于试样标距 l_0 的中部或到较近标距端点的距离大于 $\frac{l_0}{3}$ 时，只要将拉断后的两段试样紧密地对拼在一起，直接测量原标距两端点(即两标记点)间的距离即为 l_u。

② 当颈缩断口位于试样标距的两端或之外时，则试验无效，应重做。

③ 当颈缩断口到标距一端的距离 $\leqslant \frac{l_0}{3}$ 时，则必须按下述移中法确定 l_u。在拉断后的长段上从断口处 O 点取约等于短段格数得 B 点(图 5-5(b))，此后，若剩余格数为偶数，取其一半得 C 点，则移位后的 $l_u = AB + 2BC$；若剩余格数为奇数(图 5-5(c))，取剩余格数减 1 后的一半得 C 点和剩余格数加 1 后的一半得 C_1 点，则移位后的 $l_u = AB + BC + BC_1$。

5.5.2　灰铸铁材料拉伸试验

灰铸铁是典型的脆性材料，其拉伸曲线如图 5-6 所示。灰铸铁在拉伸过程中既没有屈服阶段，也没有颈缩现象，在较小的变形下突然断裂。所以灰铸铁拉伸时只需测定它的最大拉力 F_m，并按公式 $R_m = \frac{F_m}{S_0}$ 确定其对应的抗拉强度 R_m。

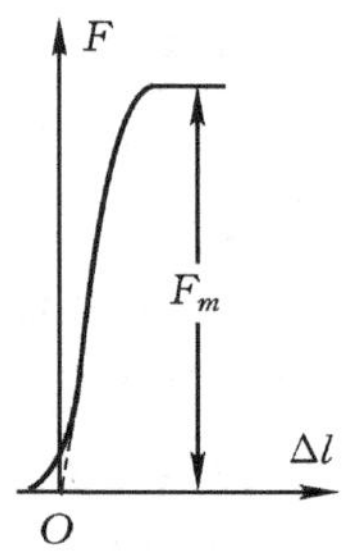

图 5-6　灰铸铁材料拉伸特性曲线

5.5.3　低碳钢和灰铸铁材料圆棒形试样拉伸破坏断口特征

观察比较低碳钢和灰铸铁材料圆棒试样拉伸的断口可以发现以下几个特点(见图 5-7)。

① 低碳钢试样拉伸断裂后，在两个断面上各呈凹凸状，称为“杯状”断口。断口上明显分两个区域，断口中间部分粗糙，并且和轴线几乎垂直，这主要是颈缩引起应力集中，试样断口中心部位处于复杂应力状态，造成拉伸断裂；而断口周边缘部分呈明显的塑性破坏产生的光亮纤维状倾斜面约 45°角，沿最大切应力的截面上剪切断裂，这是低碳钢材料拉伸的典型断口。

② 灰铸铁试样拉断后，断面平齐，宏观上垂直于轴线，断面上呈晶粒状。晶粒状是脆性破坏的断口特征，纤维状是韧性破坏的断口特征。

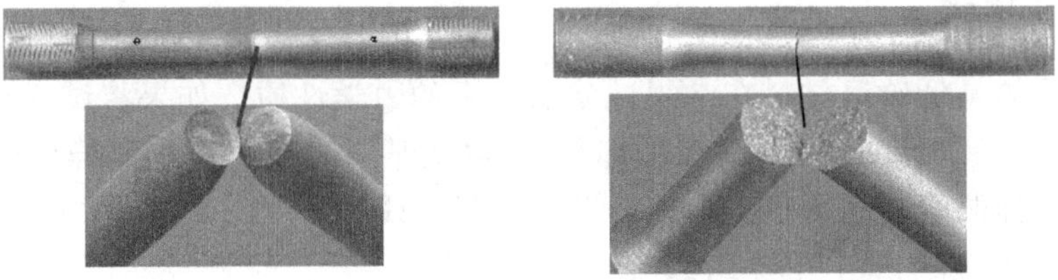

(a) 低碳钢试样拉伸断口　　(b) 铸铁试样拉伸断口

图 5-7　低碳钢和灰铸铁拉伸破坏断口形貌

5.6　试验步骤

试验机工作原理、操作步骤及要求，详见仪器设备介绍部分中的万能材料试验机的相关内容。

1. 试样准备

①确定试样初始直径 d：用游标卡尺在试样中部平行段两端及中间各取一截面沿两相互垂直方向各测一次直径并取其平均值，然后取三个截面中平均值最小的直径为 d，并用该数据来计算试样横截面的面积 S_0。

②确定试样标距 l_0：低碳钢材料拉伸试样标距 l_0 依据 d 按照“比例试样”关系确定，然后，用冲标记工具在试样平行段中部取标距的两个端点分别敲击一标记点（注意使两标记点连线应尽可能沿试样同一母线），再用游标卡尺准确测量两个标记点中心的距离作为试样标距 l_0（如果需要，可将 l_0 均分十等份并刻划标记线）。

2. 试验机准备

试验机使用操作步骤等详细内容见教材第一部分微机控制电子万能材料试验机相关内容（或放置于试验机工作台上的“试验机使用操作程序”提示卡）。

3. 装卡试样

先将试样一端夹持在试验机的上夹头内，点击屏幕主页面上的“负荷” 清零 按钮，再用试验机上的移动控制器移动上夹头使其到达合适位置，然后把试样下端夹紧。

4. 进行试验

点击屏幕主页面上的 开始测试 按钮，试验机按照选定的试验方法及设定的程序进行拉伸试验。注意仔细观察主页面上显示的载荷-位移曲线的变化特性。

试样拉伸破坏后，从屏幕下方读出相关试验数据，绘制载荷-位移试验特性曲线；然后分别打开上、下夹头，从试验机上取下试样；对于低碳钢拉伸试验，将拉断试样的两段紧密地对拼在一起，用游标卡尺按规定测量拉断后原标距两端标记点间的距离 l_u 及颈缩断口处的最小直径 d_u（通常取两垂直方向的直径平均值为 d_u）；仔细观察记录试样断口形貌特征，以便作为在试验报告中进一步分析讨论的依据。

5. 结束试验

做完试验后，依次退出试验程序、关闭计算机及显示器和试验机的电源，将量具、工具、破坏试样等合适放置。

5.7　冷作硬化

前面所讨论的是低碳钢材料在常规试验条件下的力学性质。如果将试样拉伸至强化阶段(CD 阶段)中的任一 J 点处,将载荷缓慢卸载至零(或某一小载荷),则试样的载荷变形关系将沿着与第一次拉伸曲线线性阶段 OA 近乎平行的斜直线 JO_1 回到 O_1 点,如图 5-8 所示。

若当卸载后重新加载,可看到载荷-变形($F-\Delta l$)曲线将基本上沿着卸载时的同一斜线 O_1J 上升到 J 点,然后仍遵循着试样原来的 $F-\Delta l$ 关系曲线继续变化。若将试样继续拉伸至强化阶段另一点 K 处,再缓慢卸载至零,则试样的载荷和变形关系将沿着与 JO_1 平行的斜直线 KO_2 回到 O_2 点。若又再次重新加载,其特性曲线$F-\Delta l$仍像前面一样的特性继续变化,直至达到卸载点。此后,保持试样原初始拉伸的特性到破坏为止。

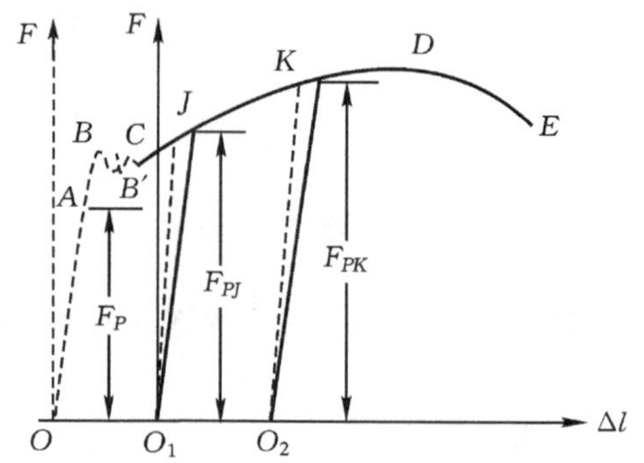

图 5-8　低碳钢材料冷作硬化特性曲线

如果将原拉伸曲线 $OABB'CDE$ 与卸载后再加载曲线 O_1JDE 或 O_2KDE 相比较,可以看出:若将试样拉伸至强化阶段某点,然后缓慢卸载,则重新加载时,材料的比例极限提高了(由 F_P 提高到 F_{PJ} 或 F_{PK}),而断裂后的残余塑性变形则减小了 OO_1 或 OO_2 段,即降低了材料的塑性(伸长率 Z 减小了)。通常将这种现象称为材料的冷作硬化。在工程上常利用冷作硬化来提高某些构件(如钢筋、钢缆绳等)在弹性阶段内的承载能力。

材料经过冷作硬化,虽然提高了比例极限,但塑性降低了。如要消除这一现象,需要经过退火工艺处理。例如,在工程中把钢丝或铜丝由较大直径冷拉拔成较小的直径时,往往在多次冷拉拔中间要经过退火处理,以改善材料的塑性,避免在再次拉拔过程中被拉断。

5.8　试验数据处理和试验报告要求

(1) 强度指标。

低碳钢:$R_{eL}=\dfrac{F_{eL}}{S_0}$,$R_m=\dfrac{F_m}{S_0}$;灰铸铁:$R_m=\dfrac{F_m}{S_0}$

(2) 塑性指标。

低碳钢:$A=\dfrac{l_u-l_0}{l_0}\times100\%$;$Z=\dfrac{S_0-S_u}{S_0}\times100\%$

(3) 绘制拉伸图。因试样开始受力时,端部在夹头内经一定滑移、钳合后才能合适夹紧,所以曲线初始段若有弯曲部分需加以修正。将弹性阶段的直线段延长与横坐标相交于 O 点,作为坐标原点。在拉伸图上标注坐标轴所代表的物理量及有关数据。

(4)画出试样断口示意图,并简述其特征。

(5)试验报告。试验报告是处理试验结果的总结资料。因此,试验报告必须力求准确,数据可靠,表达清晰简明。每组同学原始试验数据共享,独立完成试验报告。

试验报告的内容要求及参考格式如下,也可以参阅“实验报告书写须知”,自拟报告格式。

5.9 注意事项

(1)课前预习实验教材,并充分注意试验现场指导教师对试验机使用方法及操作步骤所作的进一步介绍。

(2)试样安装应防止偏斜或夹入部分过短的现象,以免影响试验结果或损坏试验机夹块。

(3)试验时若听见异常声音或发生任何故障,应立即停机,并及时报告指导教师。

5.10 思考讨论题

(1)简述低碳钢和灰铸铁两种材料的拉伸力学性能指标,以及力-变形特性曲线的特征。

(2)试说明冷作硬化工艺的利与弊。

(3)某塑性材料,按照国家标准加工成直径相同标距不同的拉伸试样,试判断用两种不同试样测得的断后伸长率是否相同,并对结论给予分析。

拉伸试验报告

班　级__________ 学号及姓名__________

同组成员__________

试验日期____年____月____日 交试验报告日期____年____月____日

(一)试验名称

(二)试验目的

(三)原始数据记录(应有指导教师签字)

试验仪器设备名称、型号:__________

使用量程:__________

试样数据

材料	试验前	试验后
低碳钢	直　径 d =　　mm 标　距 l_0 =　　mm 横截面积 S_0 =　　mm^2	最小直径 d_u =　　mm 标记间距 l_u =　　mm 最小面积 S_u =　　mm^2
灰铸铁	直　径 d =　　mm 截面积 S_0 =　　mm^2	

(四)试验数据及处理结果

1. 绘制低碳钢材料拉伸特性曲线、灰铸铁材料拉伸特性曲线
2. 低碳钢和灰铸铁材料的拉伸载荷、强度指标

低碳钢材料:屈服载荷 $F_{eL}=$　　　　屈服极限 $R_{eL}=\frac{F_{eL}}{S_0}=$

最大载荷 $F_m=$　　　　抗拉强度 $R_m=\frac{F_m}{S_0}=$

铸铁材料：最大载荷 F_m=　　　抗拉强度 $R_m=\frac{F_m}{S_0}=$

3. 低碳钢材料的塑性指标

断后伸长率 $A=\frac{l_u-l_0}{l_0}\times100\% =$

断面收缩率 $Z=\frac{S_0-S_u}{S_0}\times100\% =$

4. 低碳钢及灰铸铁材料拉伸时的破坏情况

① 试样的形状(可作图表示)及断口特征

材 料	试验前形状	试验后断口特征
低碳钢		
灰铸铁		

② 试分析两种材料的破坏原因

(五)思考讨论题(至少应包括 1～2 个或教师指定的思考讨论题)

6. 压缩试验

6.1 概　述

在工程中有许多承受压缩的构件，因此为了合理选材，有效发挥材料承载能力的优势，必须通过压缩试验来认识材料在受压缩时的力学性能和破坏特性。大量试验结果表明，一般情况下，塑性材料在应力小于屈服极限时其承压的力学性能与其拉伸时基本相同。因此，对于塑性材料除非必要或是新材料，一般可不做压缩试验。然而，脆性材料的拉伸和压缩力学性能及破坏形式差异很大，压缩承载能力比其抗拉伸能力强很多。因此，对于灰铸铁、铸铝合金、混凝土、砖石及树脂等脆性材料，常需进行压缩试验。

6.2 试验目的

(1) 测定灰铸铁材料压缩时的强度极限 R_m。

(2) 观察分析灰铸铁材料压缩时的变形特点和破坏断口形貌。

6.3 仪器设备及量具

(1) 微机屏显式液压万能材料试验机。

(2) 游标卡尺。

6.4 试样制备

根据国家标准 GB/T 7314—2005“金属材料室温压缩试验方法”，灰铸铁材料的压缩试样一般加工成圆柱形(或矩形柱状)，如图 6-1 所示。图中 h_0 为试样高度，d 为试样直径。

当试样承受轴向压缩时，随着轴向变形继续施加，试样两端面的横向变形受到试验机承垫间的摩擦力影响，使试样变形后呈“鼓形”(见图 6-2)。这种摩擦力的影响，使试样抗压能力增强，并且试样愈短，其影响愈显著。若在试样端面涂以润滑剂(如机油)，可以减小摩擦力，则试样的抗压能力将更符合于实际。当试样高度相对增加时，摩擦力对试样中部的影响就会减小，但若试样高度过大，又容易产生弯曲，甚至变成为其他失效形式。因此，压缩试样的抗压能力与其高度 h_0 和直径 d 的比值 h_0/d 有关。由此可见，压缩试验是有条件的，只有在相同的试验条件下，才能对不同材料的性能进行比较。金属材料压缩破坏试验所用的试样，一般规定为 $1\leqslant\frac{h_0}{d}\leqslant3$。为了使试样承受轴向压力，试样两端面必须平行，并且与试样轴线垂直。压缩试样两端面应加工得尽可能光滑，其粗糙度一般为 1.6～0.8，以减小摩擦力的影响。

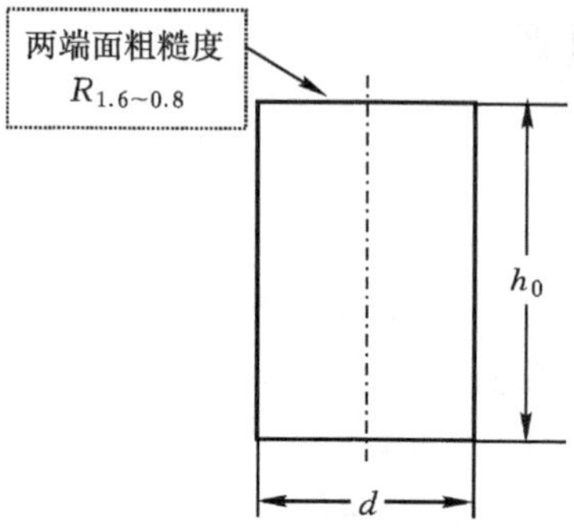

图 6 - 1　压缩试样

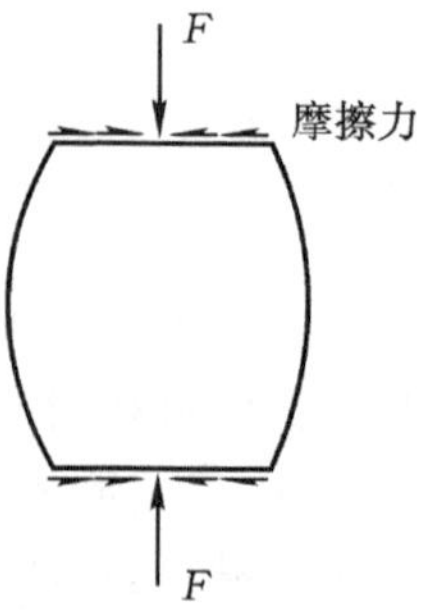

图 6 - 2　压缩时试样变形及端面的摩擦力

6.5　原理及方法

压缩试验是在压力试验机或万能材料试验机上进行。试验机附有球形承垫(见图 6 - 3),球形承垫位于试样下端。当试样两端面稍有不平行时,球形承垫可以自动调节,使轴向压力趋于均匀分布加载。

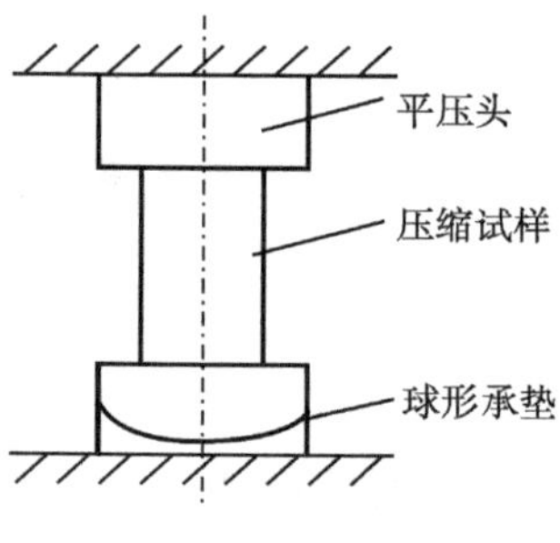

图 6 - 3　压缩球形承垫

在试验过程中,计算机将位移传感器(或标距内变形传感器)和力传感器的相关信号进行采集、处理,并在显示器屏幕上自动显示出试样的压缩曲线,如图 6 - 4 所示。

从灰铸铁材料压缩特性曲线上可以明显看出:灰铸铁受压时,没有明显的屈服极限,且在不大的塑性变形(压缩与拉伸比较,变形更大些)下突然发生破坏。因此,只需测定它的破坏抗力 F_m,并按照关系 $R_m=F_m/S_0$ 确定灰铸铁的抗压强度。灰铸铁试样随着压缩变形继续施加,试样变形呈"鼓形"状,当达到某一值时,试样突然破坏,其断面与试样横截面成 45°～55°的倾斜角(见图 6 - 5),斜断口表面呈现纤维状组织。灰铸铁材料轴向压缩呈现这种破坏形式的原因,实际上是由于其先达到材料的切应力极限 τ° 而破坏。现简单分析如下。

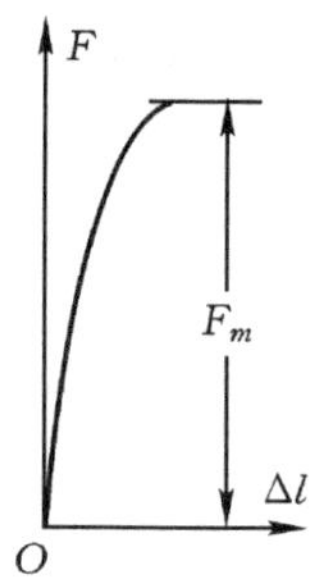

图 6 - 4　灰铸铁压缩曲线

图 6 - 5　灰铸铁压缩破坏断口形貌

设灰铸铁试样受轴向压缩时沿 $K-K$ 截面破坏,如图 6 - 6 和图 6 - 7 所示。此时,剪破坏斜截面 $K-K$ 上有正应力 σ_α 和切应力 τ_α,分别为

$$\sigma_\alpha=\sigma_0\cos^2\alpha,\quad \tau_\alpha=\frac{1}{2}\sigma_0\sin2\alpha$$

式中：σ_0为横截面上的正应力；斜截面上的正应力σ_α是均匀分布在该破坏斜截面上的法向应力。因为试样受压时沿破坏斜截面有相对错动趋势，所以可设想在σ_α作用下，沿破坏斜截面存在摩擦应力R，这是材料内部的摩擦，该摩擦系数为$f=\tan\theta$（θ为摩擦角）。摩擦应力R的方向与切应力τ_α的方向相反，其最大值大小为

$$R=f\sigma_\alpha=\sigma_0\cos^2\alpha\cdot\tan\theta$$

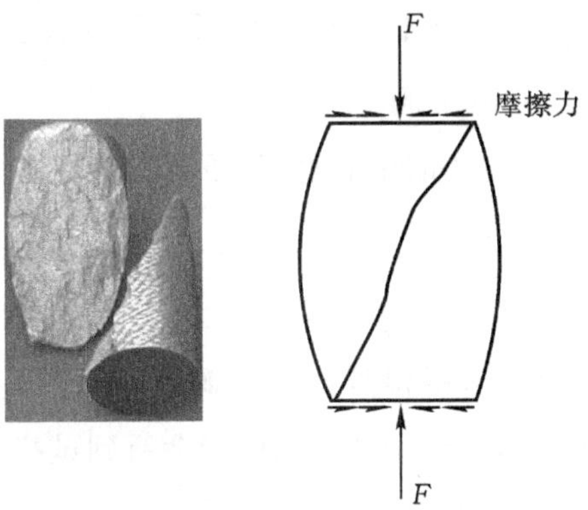

图 6-6　灰铸铁试样压缩破坏照片及示意图

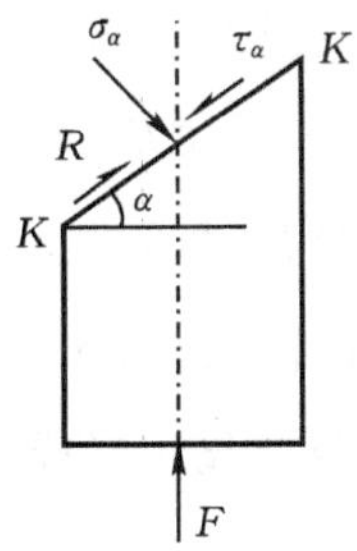

图 6-7　灰铸铁轴向压缩破坏分析

则沿破坏斜截面的应力为

$$\tau_\alpha-R=\frac{1}{2}\sigma_0\sin2\alpha-\sigma_0\cos^2\alpha\cdot\tan\theta$$

在所有不同的α斜面上，破坏斜截面$K-K$上的应力$(\tau_\alpha-R)$应该为极大，即

$$\frac{\mathrm{d}}{\mathrm{d}\alpha}\left(\frac{1}{2}\sigma_0\sin2\alpha-\sigma_0\cos^2\alpha\cdot\tan\theta\right)=\sigma_0\cos2\alpha+\sigma_0\sin2\alpha\cdot\tan\theta=0$$

则有

$$\cos2\alpha+\sin2\alpha\cdot\tan\theta=\cos2\alpha(1+\tan2\alpha\cdot\tan\theta)$$

$$=\cos2\alpha\cdot\frac{\tan2\alpha-\tan\theta}{\tan(2\alpha-\theta)}=\frac{\sin2\alpha-\cos2\alpha\cdot\tan\theta}{\tan(2\alpha-\theta)}=0$$

如果分子项$\sin2\alpha-\cos2\alpha\cdot\tan\theta=0$，则$\tan2\alpha=\tan\theta$，所以$2\alpha=\theta$；但若$2\alpha=\theta$，那么分母$\tan(2\alpha-\theta)=0$，则上式成为$\frac{0}{0}$不定式。所以只能分母$\tan(2\alpha-\theta)=\infty$，即$2\alpha-\theta=90°$，故$\alpha=45°\pm\frac{\theta}{2}$。由此可见，若不考虑灰铸铁材料摩擦角$\theta$的存在，$\alpha=45°$，即在理想条件下推导出的结果是$\tau_{max}=\tau_{45°}$；然而，实际上灰铸铁材料的摩擦角$\theta$是存在的，所以说灰铸铁材料轴向压缩时的破坏是首先达到切应力极限τ°，斜截面是剪切破坏断面，并与试样横截面大约成45°～55°夹角。

6.6　试验步骤

（1）灰铸铁压缩试验在微机屏显式液压万能材料试验机上进行，试验机工作原理及主要

操作步骤，请详细参阅仪器设备介绍部分中相关内容或放置于试验机主控台上的“试验机使用操作程序”提示牌。

(2)用游标卡尺测量试样尺寸。

(3)依次开启试验机总电源、计算机和显示器电源。

(4)激活计算机桌面上的“拉伸压缩试验”快捷标识，按照提示进入试验程序主页面。

(5)在“试样参数”栏选择试样形状，输入所测量的试样尺寸，并确认。

(6)根据试样，选用合适的力测量范围，并确认压缩空间适合放置灰铸铁压缩试样。

(7)确认油源控制柜上的[回油阀 关]，按下[电源 开]按钮(电源指示灯亮)，缓慢拧开[送油阀]，使试验机活动工作台抬起约 10 mm，然后关闭[送油阀]。

(8)将试样合适地放置于试验机压缩空间活动台上承垫的中心处；按下移动横梁控制盒的[上行或下行开关]，使上压头承垫距试样上端面 1 mm 左右。

(9)点击计算机试验主页面上的[载荷 清零]、[位移]清零。

(10)点击计算机屏幕主页面[开始试验]，按照试验要求缓慢拧开送油阀进行试验，直至试样破坏(可以从载荷显示栏或显示曲线看到载荷突然下降至很小值，也可能会听到试样破坏的声响)，即刻关闭[油泵关]、[送油阀]、打开[回油阀]，使活动台降回至初始位置。

从试验主页面上左侧载荷栏读取所显示的最大载荷 F_m，绘制试验特性曲线，并取出试样观察记录试样断口形貌特征。

6.7 试验结果及试验报告

试验报告格式自拟(可参考拉伸试验报告格式)。根据试验记录，计算出灰铸铁材料的抗压强度 R_m，即

$$R_m = \frac{F_m}{S_0}$$

式中：S_0为试样横截面初始面积。

6.8 注意事项

(1)试验前，应先开动油泵，缓慢拧开送油阀，使试验台上升约 10 mm。

(2)做试验时，应确认操作程序、步骤正常合理。

(3)试验过程中，操作者不得擅自离开，如有异常情况，应立刻停止试验，并及时报告指导教师。

(4)进行压缩试验时，要采取保护措施，防止试样破坏部分飞出造成事故。

(5)务必注意保持试验机系统后面连接的电线、油管等状态良好。

6.9 思考讨论题

(1)试简述压缩试验的条件性意义何在。

(2)试分析比较灰铸铁材料的拉伸与压缩力学性能指标及破坏特性。

(3)灰铸铁试样受轴向压缩时，破坏断面与横截面约成 45°～55°的倾斜角说明了什么？

7. 拉伸弹性模量 E 及泊松比 μ 测定实验

7.1 概　述

在外力作用下材料会发生变形。对于具有各向同性性质的线弹性材料，当外力在比例极限范围内时，其正应力与线应变成正比关系，这种关系称为胡克定律。单轴拉伸(或压缩)时胡克定律的表达式为

$$\sigma=E\cdot\varepsilon \tag{7-1}$$

式中：σ 为正应力；ε 为线应变；E 是拉伸(压缩)弹性模量(或杨氏模量)。

应力与应变的关系，是应力应变分析中所用的重要物理关系。弹性模量 E 是材料常数，是力学计算中一个重要参量，是弹性体元件选材的重要依据。它表征材料抵抗弹性线应变的能力，E 愈大，材料愈不容易发生弹性变形，即材料的刚度愈大。

在大多数工程结构设计中，只允许发生弹性变形。为进一步了解弹性范围内应力应变的一般关系，还需测定材料的另一常数泊松比 μ。

7.2 实验目的

(1)在比例极限范围内，测定金属材料的拉伸弹性模量 E 及泊松比 μ。

(2)学习电测法的基本原理及电阻应变仪的使用。

(3)学习拟定布置电阻应变计及组桥方案，以消除载荷沿试样板宽或板厚方向偏心所引起的误差，提高测试精度。

7.3 仪器设备

(1)可选用拉伸试验机、万能试验机或多功能试验装置。

(2)数字测力仪及拉(压)力载荷传感器。

(3)多测点静态电阻应变仪。

7.4 原理及方法

根据国家标准 GB/T8653—2007 规定，试样形状可制成圆棒形或矩形截面。本试验采用矩形截面的平板试样，试样尺寸及电阻应变计布置情况如图 7-1 所示。

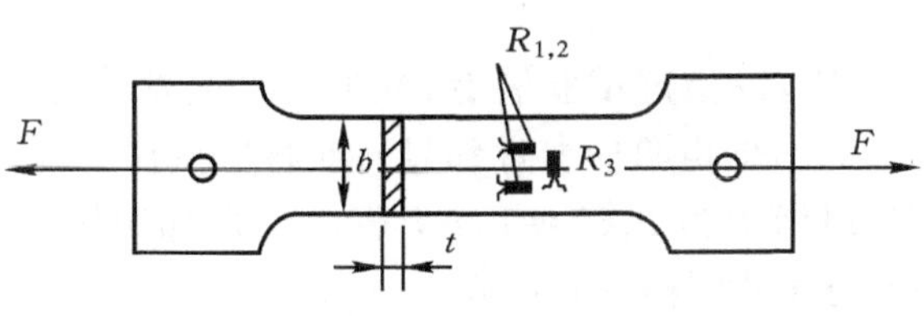

图 7-1　平板拉伸试样及布片示意图

在试样中部平行均匀段，对称于板宽几何轴线方向各粘贴一电阻应变计 R_1、R_2，以反映拉伸载荷 F 引起的轴向应变 ε_L；沿垂直于轴线方向贴一电阻应变计 R_3，以反映试样横向收缩而

产生的横向应变 ε_T。

试验时，将试样合适装夹在试验装置上施加轴向拉伸载荷 F(在材料的比例极限范围内)，用电阻应变仪分别测量由 F 引起的轴向应变 ε_L 和横向应变 ε_T，根据弹性模量及泊松比的定义按下式计算出 E 和 μ

$$\left.\begin{aligned} E&=\frac{\sigma}{\varepsilon_L} \\ \mu&=\left|\frac{\varepsilon_T}{\varepsilon_L}\right| \end{aligned}\right\} \tag{7-2}$$

式中：$\varepsilon_L=\frac{1}{2}(\varepsilon_{L1}+\varepsilon_{L2})$；$\sigma=\frac{F}{A_0}$。

另外，需要注意：之所以沿轴线方向布置两个电阻应变计，是为了消除装夹试样时沿板宽方向可能存在偏心的影响。如沿试样板宽方向作用一偏心拉伸载荷，则该试样板宽方向既有拉伸变形引起的线应变 ε_L，又有弯曲变形引起的线应变 ε_B，因此，电阻应变计 R_1 及 R_2 所反映的应变分别是 ε_L 和 ε_B 的组合，即

$$\left.\begin{aligned} \varepsilon_{L1}&=\varepsilon_L\pm\varepsilon_B \\ \varepsilon_{L2}&=\varepsilon_L\mp\varepsilon_B \end{aligned}\right\} \tag{7-3}$$

由式(7-3)可见，若将 ε_{L1} 与 ε_{L2} 相加为 $\varepsilon_{L1}+\varepsilon_{L2}=2\varepsilon_L$，即消除了由于板宽方向偏心而产生的弯曲应变 ε_B，并且测量灵敏度提高了一倍。从而得到了载荷 F 引起的轴向应变 $\varepsilon_L=\frac{1}{2}(\varepsilon_{L1}+\varepsilon_{L2})$。

7.5　实验步骤

(1)根据测试目的，针对试样形式、尺寸及施加载荷方式，设计好应变片布置方案。

(2)按照应变片粘贴工艺程序及要求准备好试样(包括：电阻应变计粘贴、引线及信号线焊接，以及保护措施等)。

(3)拟定如下加载及测试方案。

①在线弹性范围内测试，估算其允许施加载荷 F_m($F_m<F^0$ 极限载荷)的范围。

②分级加载计划，每个分级加载产生的线应变不要太大，否则，实验分组数少(一般分级数不少于5个)。

(4)装夹试样。装夹试样时，应尽可能使载荷沿轴线方向作用，以避免产生测量误差。

(5)组接测试桥路。根据测试内容，组接合适的桥路，既能消除偏心影响，又能提高测试灵敏度。

(6)测试时先加初载荷 F_0，以稳定试验装置，减少测量误差。同时，可记录电阻应变仪上相应的初始读数 ε_{j0}($j=1,2,3$，即电阻应变计编号)，或将应变仪全部测点清零；然后按分级加载计划逐级加载，使载荷逐级增加为 F_i($i=1,2,\cdots,n$，即加载级次)，并逐级逐点记录下相应的应变读数 ε_{ji}，记录参考表格如表7-1所示。

(7)测量完毕，卸去载荷，关闭电源，并将试验装置及所用仪器设备恢复原状态。

表 7－1　测试数据表

载荷工况 F/kN	微应变量/$\mu\varepsilon$)							应力/MPa
	ε_{1i}	$\Delta\varepsilon_{1i}=\varepsilon_{1i}-\varepsilon_{1o}$	ε_{2i}	$\Delta\varepsilon_{2i}=\varepsilon_{2i}-\varepsilon_{2o}$	$\Delta\varepsilon_{Li}=(\Delta\varepsilon_{1i}+\Delta\varepsilon_{2i})/2$	ε_{3i}	$\Delta\varepsilon_{Ti}=\varepsilon_{3i}-\varepsilon_{3o}$	$\Delta\sigma_i=(F_i-F_0)/A_0$
F_0								
F_1								
F_2								

7.6　实验数据处理

1. 实验数据的直线拟合

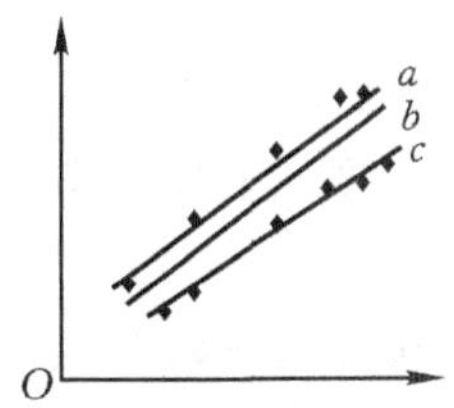

图 7－2　测量数据分散情况

在线弹性阶段单轴拉伸时，应力应变成正比关系，即 $\sigma=E\varepsilon_L$。然而，由于在任何一次实验中，不管所使用的仪器设备多么精密，方法多么完善，操作多么细心，都不可避免地会产生或多或少的误差，致使测得的结果并非真值，而是近似值，使数据点相对分散。所以，若根据实验点测量数据直观作图，确定近似的直线关系，同一组数据就会得到不同的结果，如图 7－2 所示，在 a,b,c 三条中哪一条来表示最合适？为了更准确更合理地解决这一数据处理问题，通常采用最小二乘法。最小二乘法原理指出：最佳的拟合直线的偏差平方和$\sum d_i^2$ 为最小的一条直线，可根据相对分散的实验数据绘制出最佳的直线关系。下面就最小二乘法拟合线性方程作以简单介绍。

设最佳拟合直线关系为

$$\Delta\sigma_i=E\cdot\Delta\varepsilon_{Li}{}' \tag{7-4}$$

若将 $\Delta\sigma_i{}'$按拟合方程(7－4)用 $\Delta\varepsilon_{Li}$及 E 计算，即

$$\Delta\sigma_i{}'=E\,\Delta\varepsilon_{Li}$$

各点对拟合直线的偏差 d_i，可用同一$\Delta\varepsilon_{Li}$下各对应的 $\Delta\sigma_i$ 与拟合直线上对应的 $\Delta\sigma_i{}'$之差来表示，即偏差值

$$d_i=\Delta\sigma_i-\Delta\sigma_i{}'=\Delta\sigma_i-(E\cdot\Delta\varepsilon_{Li})$$

偏差平方和最小，在数学上表示为 $Q=\sum_{i=1}^{n}d_1^2=\min$

即

$$Q=\sum_{i=1}^{n}\left[\Delta\sigma_i-E\cdot\Delta\varepsilon_{Li}\right]^2=\min \tag{7-5}$$

要使式(7－5)满足，则应对尚未确定的系数 E 求导并令其等于零，则有

$$\frac{dQ}{dE}=\frac{d}{dE}\sum_{i=1}^{n}\left[\Delta\sigma_i-E\cdot\Delta\varepsilon_{Li}\right]^2=0$$

即 $$\sum_{i=1}^{n}(\Delta\sigma_i - E\cdot\Delta\varepsilon_{Li})\Delta\varepsilon_{Li} = 0$$

整理后得 $$\sum_{i=1}^{n}\Delta\sigma_i\cdot\Delta\varepsilon_{Li} = E\sum_{i=1}^{n}\Delta\varepsilon_{Li}^2$$

从而得到所要确定的最佳系数 E 为

$$E = \frac{\sum_{i=1}^{n}\Delta\sigma_i\cdot\Delta\varepsilon_{Li}}{\sum_{i=1}^{n}\Delta\varepsilon_{Li}^2} \tag{7-6}$$

将式(7－6)代入式(7－4)中，即得用最小二乘法拟合的线性方程，如图 7－3 所示。

同样方法，根据最小二乘法原理可求得泊松比 μ 的最佳值为

$$\mu = \frac{\sum_{i=1}^{n}\Delta\varepsilon_{Li}\cdot\Delta\varepsilon_{Ti}}{\sum_{i=1}^{n}\Delta\varepsilon_{Li}^2} \tag{7-7}$$

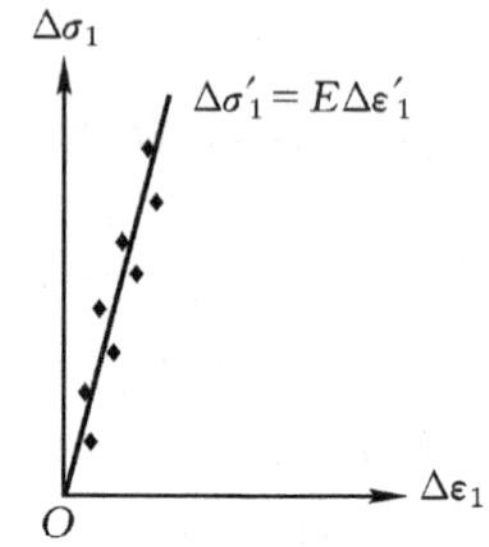

图 7－3　最佳拟合直线

2. 测试结果整理

① 根据实验实测数据计算 $\Delta\sigma$ 和 $\Delta\varepsilon_{ji}$ 有关量并记入表 7－1，拟合直线。

② 按式(7－6)和式(7－7)确定弹性模量 E 和波松比 μ 的值。

7.7　讨论题

(1)试验时为什么要加初载荷 F_0？若应变初读数 ε_{j0} 任意设定，按本实验数据的处理方法对测量结果有无影响。

(2) 若施加的载荷沿试样板宽和板厚方向均有偏心，试说明如何布置电阻应变计和组接桥路，既能消除板宽和板厚方向的偏心影响，又能提高测量灵敏度。

8. 扭转试验

8.1 概　述

在工程实际中，有很多机械零件（如传动轴等）或构件承受扭转变形。因此，测定材料在扭转条件下的力学性能，对指导零件设计和选材有重要的实际意义。

扭转试验与其他力学性能试验相比具有以下特点：由于试样处于纯剪切应力状态，从试验开始直到试样破坏为止，从宏观角度看其扭转变形在试样整个长度上始终是均匀进行的，可以使试样实现大的均匀塑性变形，且不产生拉伸过程中的“颈缩”现象（如低碳钢等材料）或压缩过程中的“鼓形”效应，从而使我们能更好地测定那些高塑性材料直至断裂前的形变能力和抗扭转应力，以及它们之间的关系。扭转试验可以明显地区别金属最终断裂方式是正应力引起的拉伸断裂还是切应力引起的剪切破坏，并可根据试样断口形状特征来判断产生破坏的原因。由于试样扭转时其横截面上的扭转切应力分布为表面层最大，且由表层至心部逐步变小为零。所以，对于低塑性材料，扭转试验对反映其缺陷，特别是表面缺陷是很敏感的。由此可见，无论对塑性材料还是脆性材料，通过拉伸、压缩和扭转试验结果综合评定，都可客观、全面地反映有关材料各种力学性能指标，揭示其形变、抗力和断裂等力学行为的特点。因此，扭转试验是评定材料力学性能的重要且不可或缺的试验方法之一。

8.2 试验目的

(1) 测定灰铸铁材料的扭转强度极限 τ_b。

(2) 测定低碳钢材料的扭转屈服极限 τ_s 和扭转条件强度极限 τ_b。

(3) 观察比较灰铸铁和低碳钢两种材料在扭转变形过程中的现象及其破坏形式特征，并对试样断口进行分析。

8.3 仪器设备及量具

(1) 微机控制电子扭转试验机。

(2) 游标卡尺。

8.4 试样制备

根据国家标准 GB10128—2007“金属室温扭转试验方法”规定，扭转试样可采用圆棒形试样，也可采用薄壁管形截面试样。推荐圆棒形截面试样，采用直径 d=10 mm，标距 l_0=50 mm 或 100 mm，平行段长度 $l_c = l_0 + 2d$。本试验采用圆棒形试样，其形状及尺寸如图 8－1 所示。

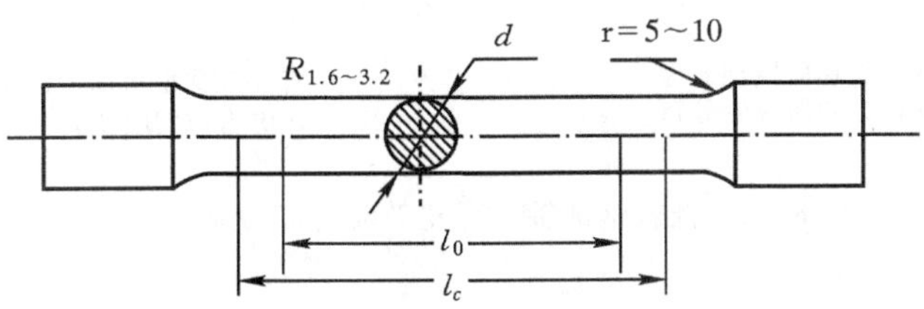

图 8－1　圆棒形扭转试样示意图

8.5 原理及方法

1. 低碳钢材料扭转

将试样两端夹持段合适地夹持在扭转试验机两夹头上。在试验过程中，一个夹头固定不转，另一个夹头绕轴线转动，从而对试样施加扭转变形，试样承受扭矩 M_n。从试验机测试系统上可读得扭矩 M_n 及扭转角 φ，试验机系统自动绘出 $M_n-\varphi$ 曲线。图 8-2 所示为低碳钢材料的扭转特性曲线。从特性曲线上可以明显看出以下几点。

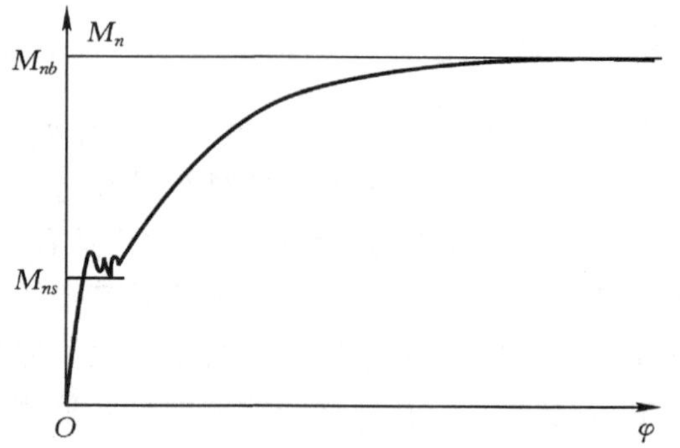

图 8-2 低碳钢扭转特性曲线

① 低碳钢试样在承受扭转变形的第一阶段，扭矩 M_n 与扭转角 φ（或试样标距范围内的扭转变形）成正比关系。

② 当材料进入屈服阶段时，扭矩 M_n 突然下降，试样表层发生屈服，此后扭矩以不大的幅度（与低碳钢试样拉伸时比较）波动，在此阶段的最小扭矩即为屈服扭矩 M_{ns}。

③ 对试样继续施加扭转变形，屈服从试样表层向横截面心部扩展（见图 8-3），随后（或同时），材料进入强化阶段；变形继续增加，弹性变形区的切应力仍然保持线性增大，而塑性变形区的切应力以某种非线性关系随之缓慢增加；在强化阶段试样整体变形显著，在试样表面沿母线刻划的纵向线将变成螺旋线；直到试样无声无息破坏为止，试样并无颈缩现象，扭转特性曲线一直上升而无下降（见图 8-2），试样破坏时的扭矩即为最大扭矩 M_{nb}。

根据国家标准 GB10128—2007 规定，扭转屈服极限 τ_s 及扭转条件强度极限 τ_b 分别按式(8-1)计算

$$\tau_s=\frac{M_{ns}}{W_P},\qquad \tau_b=\frac{M_{nb}}{W_p} \tag{8-1}$$

式中：$W_p=\frac{\pi}{16}d^3$ 为试样抗扭截面模量。

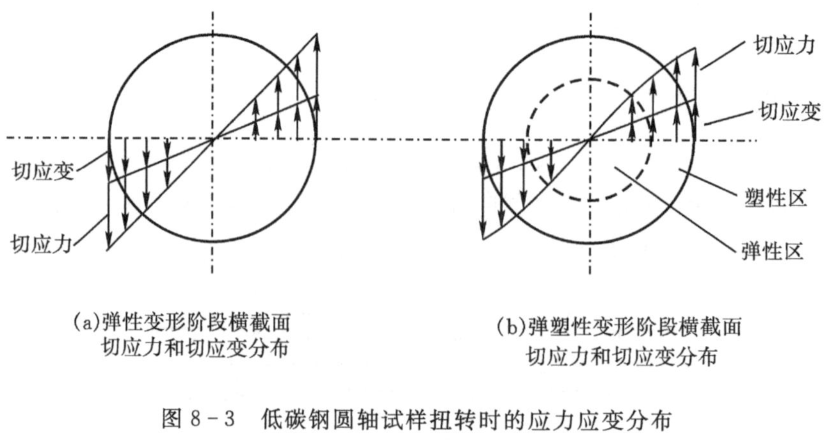

图 8-3 低碳钢圆轴试样扭转时的应力应变分布

2. 灰铸铁材料扭转

灰铸铁圆棒形试样承受扭转变形时，在很小的变形下就发生破坏。图 8-4 为灰铸铁材料的扭转特性曲线。从扭转开始直到破坏为止，扭矩 M_n 与扭转角 φ 近似成正比关系，且变形很小。试样破坏时的扭矩即为最大扭矩 M_{nb}，扭转强度极限 τ_b 按式(8-2)计算

$$\tau_b = \frac{M_{nb}}{W_p} \tag{8-2}$$

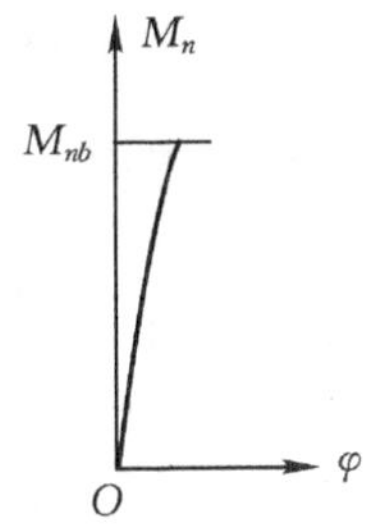

图 8-4　灰铸铁材料扭转特性曲线

3. 低碳钢和灰铸铁材料圆棒形试样扭转破坏断口特征

圆棒形截面试样承受扭转变形，材料处于纯剪切应力状态，如图 8-5 所示。在试样表层取一单元体 A，A 上切应力为 τ_{max}，在与轴线 x 方向成 $\pm 45°$ 角的斜截面上的正应力各为

$$\sigma_{-45°} = \sigma_{max} = \tau_{max}$$

$$\sigma_{45°} = \sigma_{min} = -\tau_{max}$$

即该两斜面上的正应力分别为最大值和最小值。其中一个是最大拉应力，另一个是最大压应力，它们的绝对值都等于最大切应力 τ_{max}。

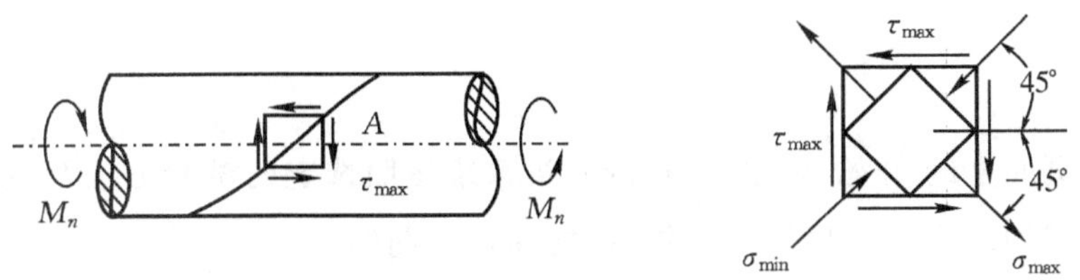

图 8-5　扭转圆棒试样表面的应力状态

试样扭转破坏断口形式，如图 8-6 所示。从图中可以看出以下几点。

① 低碳钢圆棒形试样的扭转破坏断面与轴线垂直(见图 8-6(a))，显然是沿最大切应力 τ_{max} 的作用平面发生，即剪切破坏，断口上通常有塑性变形留下的旋转痕迹，故低碳钢材料的抗剪能力低于抗拉(压)能力。

② 灰铸铁圆棒形试样扭转破坏断面与轴线成 $-45°$ 螺旋面(见图 8-6(b))，即破坏断面垂直于最大拉应力 σ_{max} 方向，断面呈晶粒状，这是正应力作用下形成的脆性断口，故灰铸铁材料是当最大拉应力首先达到其抗拉强度极限时，在该截面发生拉伸断裂破坏。

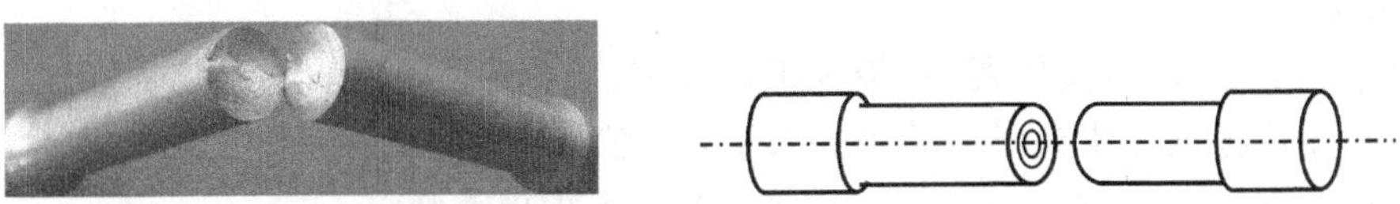

(a)低碳钢材料

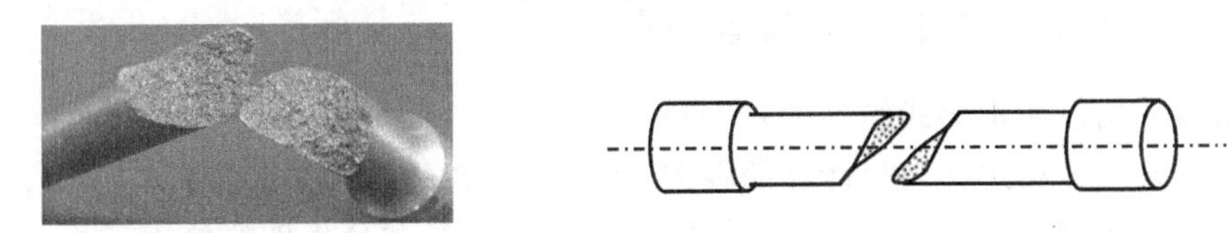

(b)灰铸铁材料

图 8-6　圆棒形试样扭转破坏断口照片及示意图

8.6 试验步骤

试验机原理及操作步骤，详细参阅实验教材第一部分中微机控制电子扭转材料试验机的相关内容。

1. 试样准备

①测量试样尺寸：在试样中部平行段两端及中间三个横截面的两相互垂直方向各测量一次直径，取三个平均值中最小者为 d，以计算抗扭截面模量 W_p；

②画标记线：在试样表面沿母线用粉笔画直线，以定性观察变形现象。

2. 试验机准备

试验机使用操作步骤等详细内容见教材第一部分微机控制电子扭转材料试验机的相关内容或放置于试验机工作台面上的“试验机使用操作程序”提示牌。

3. 装卡试样

通过推动滚动支座使两扭转夹头间的距离到合适位置，先将试样两端的夹持段轻轻地夹持于扭转夹具上，再用十字内六方专用扳手将一夹持端紧紧夹持于夹具上，点击主页面上的“扭矩”[清零]按钮；然后，再将试样另一夹持端紧紧夹持，点击主页面上的“夹头内扭角”[清零]按钮。

4. 进行试验

点击试验主页面上的[开始测试]按钮，试验机系统按照选定的试验方法及设定的程序进行扭转试验。注意仔细观察屏幕显示的扭矩-扭转角特性曲线。

试样扭转破坏后，从屏幕下方读出相关试验数据，绘制扭矩-扭转角试验特性曲线；然后分别打开两扭转夹头，从试验机上取下试样；仔细观察记录试样断口形貌特征，以便作为在试验报告中进一步分析讨论的依据。

5. 结束试验

做完试验后，依次退出试验程序、关闭计算机及显示器和试验机的电源，将量具、工具、破坏试样等合适放置。

8.7 注意事项

(1)本试验机系统为大型精贵仪器设备，未经指导教师同意，不得随意更改计算机设置、试验机测试系统参数设置等。

(2)做试验前，应确认操作程序、步骤正常合理。

(3)务必注意将试样紧夹于试验机夹头上，以免滑动影响试验正常进行。

(4)如有异常情况，应立刻停止试验，并及时报告指导教师。

8.8 试验数据处理和试验报告要求

(1) 试验数据以表格形式给出(格式自拟)。

(2) 按式(8-1)和式(8-2)计算低碳钢、灰铸铁材料的扭转强度指标。

(3) 绘制低碳钢、灰铸铁试样的扭转图及断口示意图，并分析破坏原因。

(4) 至少选一个思考讨论题进行分析讨论。

8.9　思考讨论题

(1) 试根据灰铸铁试样扭转断口，判断扭矩 M_n 的方向。

(2) 根据低碳钢、灰铸铁材料的拉伸、压缩和扭转三种试验结果，试综合分析比较不同材料的承载能力及破坏特点，试考虑在设计零件或结构时选择材料应注意些什么问题。

9. 剪切弹性模量 G 测定实验

9.1 概 述

在轴向拉(压)变形中曾介绍了胡克定律,即当正应力在材料的比例极限范围内时,正应力与线应变成正比关系。胡克定律同样也适用于切应力 τ 与切应变 γ 之间的关系。试验证明,只要切应力在材料的比例极限范围内,则切应力与切应变也保持着正比关系,即 $\tau=G\gamma$,其比例常数就是剪切弹性模量 G。

9.2 实验目的

(1) 测定低碳钢材料的剪切弹性模量 G。
(2) 了解双同马丁镜式引伸仪方法测定变形角。

9.3 仪器设备及量具

(1) 微机控制电子扭转材料试验机。
(2) 镜式引伸仪。
(3) 游标卡尺和钢卷尺。

9.4 试样制备

本实验使用长标距圆棒形的低碳钢试样(见图 9-1),为使标距 A,B 两截面间有足够大的相对扭转角,并避免试样两端夹持部分对测试结果的影响,试样标距长度及总长度均比用于扭转破坏试验的试样长得多。

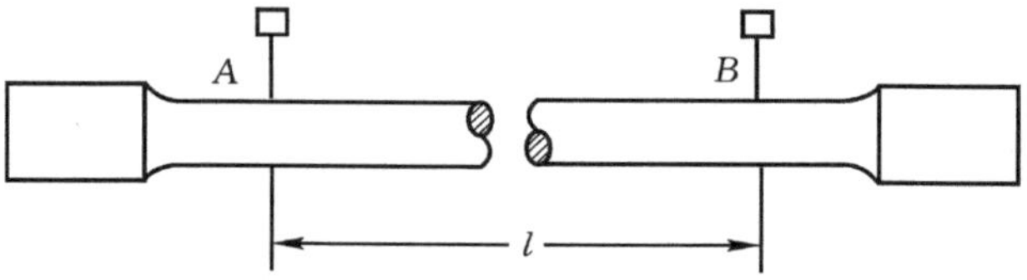

图 9-1 长标距圆棒形扭转试样

9.5 原理及方法

圆轴承受扭转变形时,在线弹性阶段内,扭矩 M_n 和扭转角 φ 之间有如下关系

$$\varphi=\frac{M_n \cdot l}{G \cdot I_P} \tag{9-1}$$

式中:l 为标距(即试样指定两截面之间的距离);φ 是标距 l 两截面之间的相对扭转角;M_n 为扭矩;$I_p=\frac{\pi d^4}{32}$ 是试样截面的极惯性矩。

若在试样上施加一个已知扭矩增量 ΔM_n,并测得标距 l 两截面间的相对扭转角增量

$\Delta\varphi_{AB}$，则根据式(9－1)就可得到剪切弹性模量 G

$$G=\frac{\Delta M_{n}\cdot l}{\Delta\varphi_{AB}\cdot I_{P}} \tag{9-2}$$

实验可以在普通扭转试验机或微机控制电子扭转试验机上进行。在试样中部平行段，将带有平面反光镜片的专用圆环形多顶针夹具合适固定在试样标距 l 两端点 A、B 截面上(见图9－1)。

为了能精确测得试样受载后 A、B 截面所产生的扭转角 φ_A 和 φ_B，采用镜式引伸仪(双筒马丁仪)进行测试。镜式引伸仪是一种应用光学原理的非接触式测量变形的仪器，精确度较高，其工作原理如图 9－2 所示。镜式引伸仪在两片平面反光镜的正面各有一刻度为毫米的标尺，与标尺装在一起的有望远镜，标尺到平面镜片的距离为 L。试验前，调整镜片及望远镜，从双筒马丁仪镜筒中心的十字水平刻线上可以读出镜片反射的标尺刻度值。

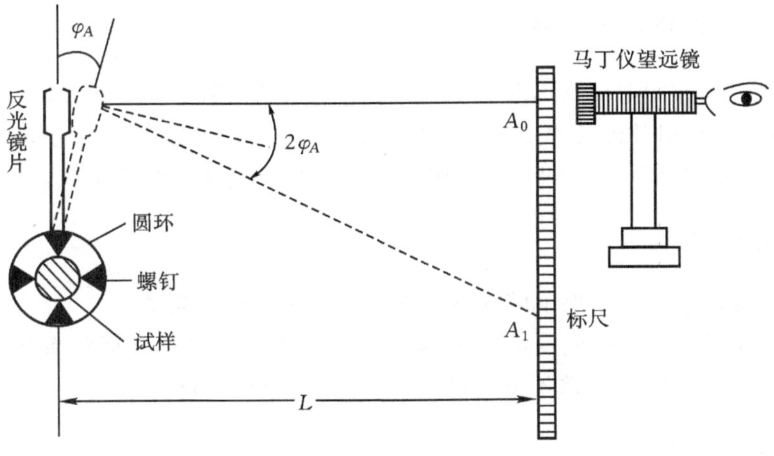

图 9－2　镜式引伸仪工作原理示意图

对试样截面 A 而言，在未受扭矩时，标尺上读数为 A_0，随着对试样施加扭转变形，相应产生扭矩 ΔM_n 时，这时标尺上的数为 A_1，连同平面镜片的截面 A 将旋转 $\Delta\varphi_A$ 角，即两次从望远镜可读到标尺上的读数差为

$$\Delta A=A_1-A_0$$

由图 9－2 可知

$$\tan2\Delta\varphi_A=\frac{A_1-A_0}{L}=\frac{\Delta A}{L}$$

在弹性范围内的小变形条件下，扭转角很小，可有关系 $\tan2\Delta\varphi_A\approx2\Delta\varphi_A$，所以

$$\Delta\varphi_A=\frac{\Delta A}{2L}\quad(\text{rad}) \tag{9-3}$$

同理，B 截面上的读数为

$$\Delta\varphi_B=\frac{\Delta B}{2L}\quad(\text{rad}) \tag{9-4}$$

则标距 l 两端点 A、B 两截面间的相对扭转角为

$$\Delta\varphi_{AB}=\Delta\varphi_A-\Delta\varphi_B=\frac{\Delta A-\Delta B}{2L}=\frac{\Delta AB}{2L} \tag{9-5}$$

实验过程中，采用增量法逐级加载。如每次增加同样大小的扭矩 ΔM_n，则扭转角的增量 ΔA、ΔB 也应基本相等，由此可验证在弹性阶段内扭矩 ΔM_n 与相应变形 $\Delta\varphi_{AB}$ 间的线性关系，并求出剪切弹性模量 G。

9.6　试验步骤

主要操作步骤如下。

(1) 测量试样直径 d，标距 l 及试样上固定镜片至马丁仪标尺的距离 L。

(2) 根据低碳钢剪切比例极限 τ_P 和镜式引伸仪标尺的量程，拟定合理的加载方案。

(3) 按拟定好的加载方案，采用分级加载方法。均匀缓慢地加载，每增加一级扭矩 ΔM_n，通过镜式引伸仪上的望远镜分别读取试样标距 l 两端点 A、B 截面扭转变形反映在标尺上的读数 $A_0, A_1, A_2, \cdots$ 和 $B_0, B_1, B_2, \cdots$，并依次记入表 9-1。

9.7　实验结果处理和报告

根据实验记录，将扭矩增量 ΔM_n 及 A、B 截面在标尺上的读数差平均值 ΔAB 代入式(9-5)中，计算出 A、B 两截面的相对扭转角 $\Delta\varphi_{AB}$，然后由式(9-2)计算出剪切弹性模量 G。并以 M_n、$\Delta\varphi_{AB}$ 为纵横坐标，作出弹性阶段的 $M_n-\varphi$ 图。观察其拟合线性直线的情况，以验证胡克定律。

9.8　注意事项

(1) 加载时最大扭矩务必小于试样材料的剪切比例极限扭矩 M_P。

(2) 镜式引伸仪上的望远镜及试样上的平面反光镜片调整到合适位置后，方能清晰地看到标尺上的刻度，位置调好后，请不要碰动，以保证实验顺利进行。

9.9　思考讨论题

试改进双筒马丁镜式引伸仪测试变形角的结构，以进一步提高测试精度、适当扩大测试范围。

表 9-1　试验数据表格（参考格式）

扭矩 M_n /N·mm	扭矩增量 ΔM_n /N·mm	标尺读数 /mm		读数增量 /mm		读数差 $\Delta A-\Delta B$ /mm	读数差平均值 ΔAB /mm
		A_i	B_i	$\Delta A=A_i-A_{i-1}$	$\Delta B=B_i-B_{i-1}$		
M_{n0}							
M_{n1}							
M_{n2}							

10. 组合梁弯曲应力测定实验

10.1　概　述

在工程实际中，将构件制成叠层形式，这或者是由于结构的需要有意那样设计制做，如图 10－1 所示，为汽车、拖车等所使用的叠板弹簧；或者是为了降低成本、节约材料，制成夹心结构，如图 10－2 所示；或者是由于原材料截面尺寸小，不足以制成所要的大构件而不得不那样做，等等。因此，根据抽象简化就出现了组合梁结构形式，如图 10－3 和图 10－4 所示。

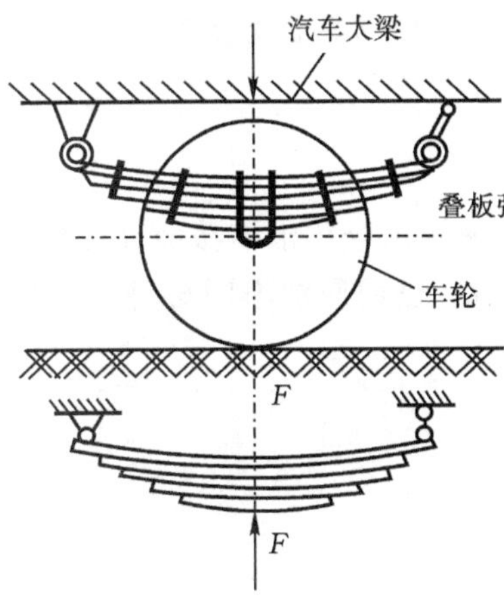

图 10－1　汽车用的叠板弹簧

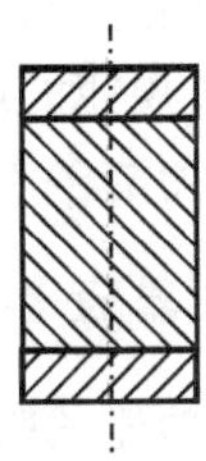

图 10－2　夹心结构

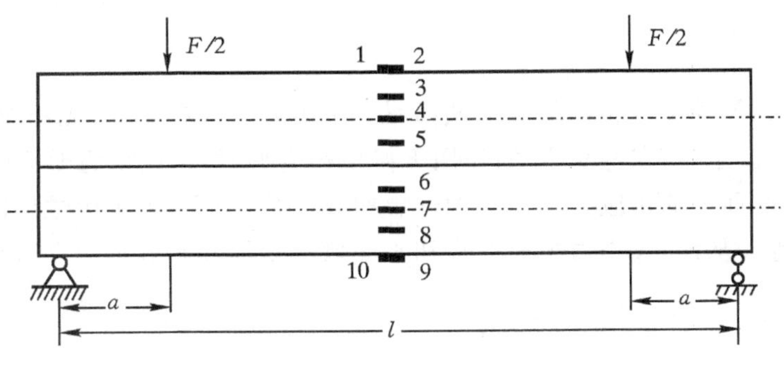

图 10－3　叠梁及电阻应变片布置示意图

对于组合梁，可有多种结构形式，本实验只考虑两种结构，即叠梁和楔块组合梁。所谓叠梁，是指两根矩形截面梁上、下叠放在一起，两梁界面间加润滑剂（即忽略摩擦力），如图 10－3 所示。上、下两根梁的材料可相同，也可不同；上、下两根梁的截面高度尺寸可相同，亦可不同。只要保证在变形时两梁界面始终保持良好接触即可。所谓楔块组合梁，是指上、下两根梁用楔块连接而成，如图 10－4 所示。通过楔块使上梁下表面与下梁上表面在楔块处的变形一致。

对于叠梁和楔块组合梁结构，同一截面上各梁的弯矩如何分配、沿梁高度应力分布规律如何、相同材料和不同材料叠梁的应变分布与应力分布规律是否相同、楔块组合梁的抗弯能力是否与整体梁相同、这两种梁的力学计算模型如何，等等，分析这些问题将是本实验的主要目的。

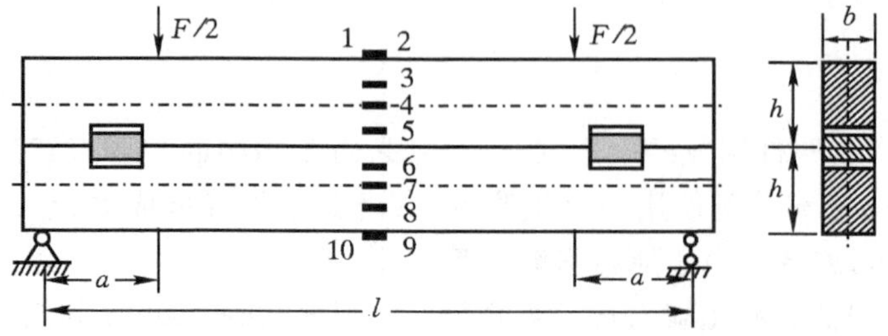

图 10-4　楔块组合梁及电阻应变片布置示意图

10.2　实验目的

(1) 用电测法测定相同或不同材料叠梁和楔块组合梁沿横截面高度的弯曲正应变和正应力分布规律，并根据测定结果建立力学计算模型。进而厘清不同材料、不同约束对组合梁结构内力分配和应力分布规律的影响。

(2)熟练掌握电测法多点测试技术。

10.3　实验仪器设备

(1)材料力学多功能试验台。

(2)CM-1L 型应变 & 力综合测试仪。

10.4　基本原理

1. 叠梁

两根截面形状、尺寸完全相同的矩形截面梁上下良好叠放在一起(无楔块等联接)，在两梁界面间加有润滑剂。于是，在弯矩 M 的作用下发生小变形时，可以认为叠梁的上、下梁有各自的中性层，两梁横截面上的正应力均以其中性层按线性分布；上、下梁中性层的曲率相同，两梁界面处的挠度相等。从而，应用力平衡方程和平面弯曲变形基本方程建立弯矩 M，M_1 及 M_2 之间的关系如下

$$\left.\begin{aligned} M &= M_1 + M_2 \\ E_1 I_1 y'' &= M_1 \\ E_2 I_2 y'' &= M_2 \end{aligned}\right\} \tag{10-1}$$

由此求得上、下梁各自承担的弯矩 M_1，M_2 后，进一步可计算出各测点的应力。

2. 楔块组合梁

两根截面形状、尺寸完全相同的矩形截面梁上下良好叠放在一起，并由楔块合适联接。在理想情况下，对于上、下梁材料相同的楔块组合梁的中性层应在上下梁界面间，应力沿横截面高度呈线性分布；对于上、下梁材料不同的楔块组合梁的中性层则应偏于材料弹性模量较大的那一梁侧。楔块的作用就是使上梁下表面与下梁上表面在楔块处的变形一致。然而，楔块的

放置情况(如装夹得紧松或是正歪)将会对上、下梁的约束状态有一定影响,从而就会得到不同的测量结果。但是,楔块组合梁截面上应力分布规律的变化趋势,是显而易见的。

10.5 实验步骤及注意事项

本实验采用初读数法,即先加初载荷 F_0,从应变测试仪上读取各测点对应的应变量 ε_{0i}(或将其清零);然后,加末载荷 F_1,读取各测点相应的应变量 ε_{1i}。从而即可得到对应两次载荷之差 $F_1 - F_0$的应变差值 $\varepsilon_{1i} - \varepsilon_{0i}$。

(1) 将工作应变片和温度补偿片连接组成半桥,测定叠梁横截面上的应力分布规律,以建立力学计算模型。

(2) 在相同桥路连接形式下,测定楔块组合梁横截面上的应力分布规律。

(3) 实验时,注意使上、下梁良好地叠放在一起;对于楔块组合梁的楔块,应在梁不受力的情况下正确装卸,并使用为本实验专门配备的楔块装卸工具。

10.6 实验报告内容提要

(1) 常规内容。

(2) 根据实验测定的结果,绘制叠梁、楔块组合梁横截面上的应变和应力分布规律。

(3) 试根据测定结果建立力学计算模型,计算各测试点的应力大小,将理论值与实验值进行比较,并分析两者之间产生差异的原因。

(4) 分析讨论下述四种梁横截面上应力分布的异同(四种梁的材料相同),比较各梁的承载能力,并按大小顺序排列。

① 叠梁(上、下梁的高均为 h,宽为 b);

② 楔块组合梁(高为 $H=2h$,宽为 b);

③ 胶结组合梁(尺寸同②);

④ 整体矩形截面梁(高为 $H=2h$,宽为 b)。

10.7 思考讨论题

(1) 一叠梁的上、下梁材料不同,几何尺寸相同,试分析说明该叠梁上、下梁的最大应变和最大应力是否相同?

(2) 若将材料不同尺寸相同的上、下两块梁的界面之间用胶粘结成为一根整梁,当其承受横力平面弯曲时,梁横截面上的应变和应力如何分布?随着载荷增大,保持梁横截面上的应变和应力分布形式不变,需满足什么条件?

(3) 楔块组合梁的楔块起什么作用?怎样才能使楔块组合梁与整体梁的承载能力基本相同?

11. 静定/静不定弯曲扭转组合变形主应力测定实验

11.1　概　述

在机械工程中，常会遇到承受组合变形的构件，例如传动轴，其承受弯曲和扭转组合变形。本实验是以承受弯曲扭转组合变形构件为对象，介绍用电测法确定构件上一点应力状态的方法。

11.2　实验目的

(1) 用电测法测定薄壁圆管在静定条件下弯曲扭转组合变形时的正应力和切应力，并计算出相应的主应力大小和方向，将实验结果与理论值进行比较。

(2) 在惠斯顿电桥中，采用半桥和全桥方式组接不同桥路测定正应力和切应力，并分析比较不同桥路的特点。

(3) 改变结构约束，将专用支座合适地安放于薄壁圆管下，在静定、静不定条件下测定薄壁圆管应力的变化，并分析比较静定/静不定结构的利弊。

11.3　仪器设备

(1) BWQ-2 分体式弯扭组合实验台。

(2) CM-1L 型应变 & 力综合测试仪。

11.4　原理及方法

1. 测点应力应变分析

实验装置如图 11-1 所示，薄壁圆管承受弯曲扭转组合变形。弯矩 M 作用在 xOy 平面内，扭矩 M_n 作用在 yOz 平面内。在薄壁圆管同一截面的上、下表面 A 点和 B 点处，分别取一单元体，其应力状态如图 11-2 和图 11-3(A 点和 B 点单元体示意图，均是从该点表面的外法线 C、D 方向看去)所示。

由一点应力状态理论分析可知

在 A 点处有关系　　$\sigma^A_{45^\circ}=\dfrac{\sigma_x}{2}-\tau_{xz}$；　$\sigma^A_{-45^\circ}=\dfrac{\sigma_x}{2}+\tau_{xz}$

在 B 点处有关系　　$\sigma^B_{45^0}=-\dfrac{\sigma_x}{2}-\tau_{xz}$；　$\sigma^B_{-45^\circ}=-\dfrac{\sigma_x}{2}+\tau_{xz}$

再根据广义胡克定律，在 A 点和 B 点分别沿 45°及 −45°方向的线应变为

$$\varepsilon_2=\varepsilon^A_{-45^\circ}=\frac{1}{E}(\sigma^A_{-45^\circ}-\mu\sigma^A_{45^\circ})=\frac{1-\mu}{2E}\sigma_x+\frac{1+\mu}{E}\tau_{xz} \tag{11-1}$$

$$\varepsilon_3=\varepsilon^A_{45^\circ}=\frac{1}{E}(\sigma^A_{45^\circ}-\mu\sigma^A_{-45^\circ})=\frac{1-\mu}{2E}\sigma_x-\frac{1+\mu}{E}\tau_{xz} \tag{11-2}$$

$$\varepsilon_5=\varepsilon^B_{-45^\circ}=\frac{1}{E}(\sigma^B_{-45^\circ}-\mu\sigma^B_{45^\circ})=-\frac{1-\mu}{2E}\sigma_x+\frac{1+\mu}{E}\tau_{xz} \tag{11-3}$$

$$\varepsilon_6=\varepsilon^B_{45^\circ}=\frac{1}{E}(\sigma^B_{45^\circ}-\mu\sigma^B_{-45^\circ})=-\frac{1-\mu}{2E}\sigma_x-\frac{1+\mu}{E}\tau_{xz}\tag{11-4}$$

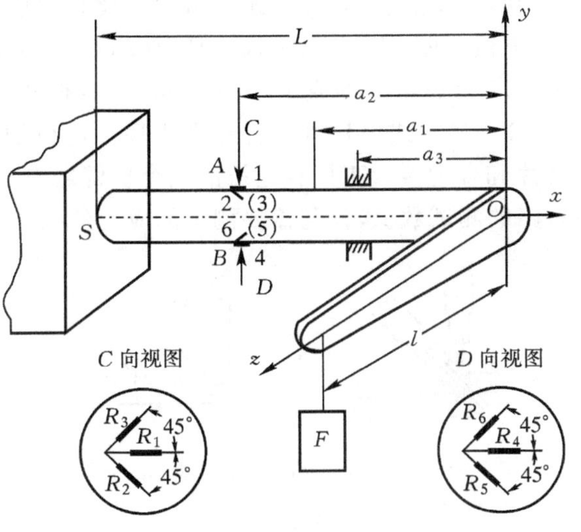

图 11-1　弯曲扭转组合变形实验装置示意图

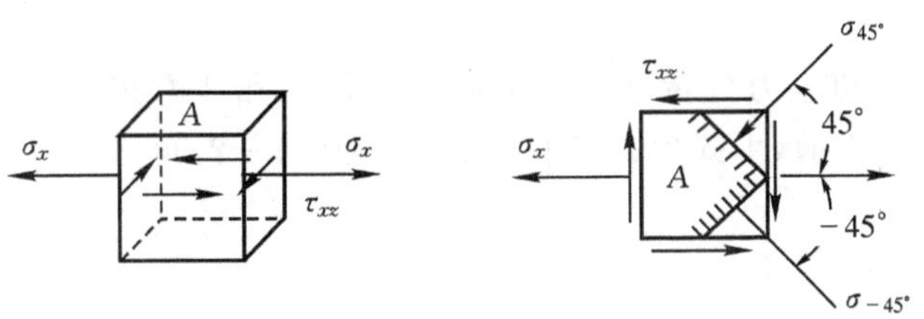

图 11-2　A 点应力状态

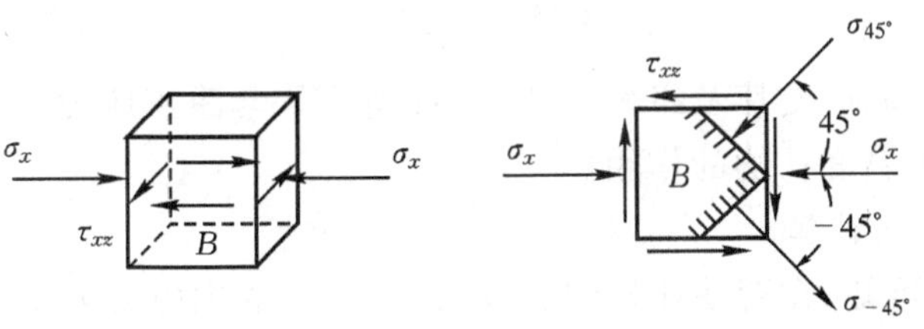

图 11-3　B 点应力状态

测点 A 和测点 B 处沿 0°方向的线应变分别为

测点 A：

$$\varepsilon_1=\varepsilon^A_{0^\circ}=\frac{\sigma_x}{E}\tag{11-5}$$

测点 B：

$$\varepsilon_4=\varepsilon^B_{0^\circ}=-\frac{\sigma_x}{E}\tag{11-6}$$

2. 应变片粘贴位置的确定和桥路组接方法

由前面的应力应变分析可知，薄壁圆管表面的测点 A、B 均为平面应力状态。为了测定 A、B 点的正应力和切应力，可在 A 点及 B 点处分别粘贴一枚直角应变花（由三枚应变片组成），如图 11－4 所示。布片方位如图 11－1 所示，即：其中应变片 1、4 均沿薄壁圆管表面母线平行于 x 轴，应变片 3、2 及 6、5 分别与 x 轴成 $\pm45°$ 角。从而，根据各应变片感受到的线应变与应力分量之间的关系式（11－1）—式（11－6），并结合惠斯顿电桥输出关系式（3－14）的特点，综合考虑如何选取应变片和合理接入惠斯顿电桥的四个桥臂之中，以便应变测试仪器按照式（11－7）的关系输出该桥路的测试数值，仅与需要测定的应力量相关。

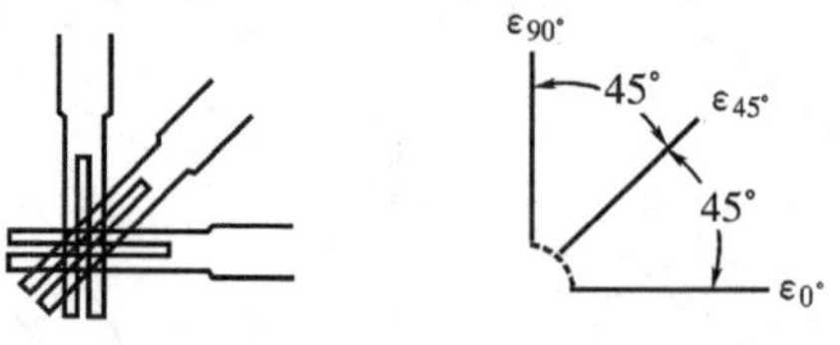

图 11－4　直角应变花示意图

$$\varepsilon_{读}=\varepsilon_{\text{I}}-\varepsilon_{\text{II}}+\varepsilon_{\text{III}}-\varepsilon_{\text{IV}} \tag{11-7}$$

从式（11－7）中可以看出：在选择应变片组接桥路时，可利用 $\varepsilon_{读}$ 具有邻臂相减，对臂相加的性质，从而分离出所要测定的应力分量，消除其他应力分量。

例如：需要测定扭转切应力分量 τ_{xz}，可选用应变片 2 和 3 并采用半桥接法，如图 11－5 所示，由式（11－7）、（11－1）和（11－2）可得该桥路的输出为

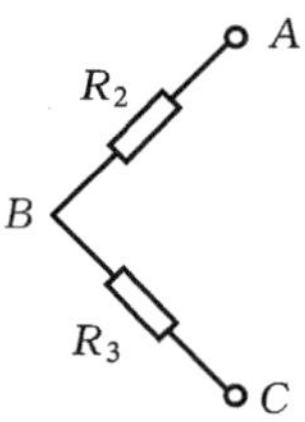

图 11－5　测定 τ_{xz} 半桥接法

$$\begin{aligned}\varepsilon_{读}&=\varepsilon_{\text{I}}-\varepsilon_{\text{II}}=\varepsilon_2-\varepsilon_3\\&=\left(\frac{1-\mu}{2E}\sigma_x+\frac{1+\mu}{E}\tau_{xz}\right)-\left(\frac{1-\mu}{2E}\sigma_x-\frac{1+\mu}{E}\tau_{xz}\right)=\frac{2(1+\mu)}{E}\tau_{xz}\end{aligned}$$

从而求得

$$\tau_{xz}=\frac{E}{2(1+\mu)}\varepsilon_{读}$$

由此可见，合适选取应变片及组桥方式，不仅消除了弯曲正应力 σ_x 的影响，还提高了测量灵敏度，同时也起到了温度补偿的作用。

3. 主应力及主方向计算

由应力状态理论可知，在弯曲扭转组合变形时，一点的主应力大小和方向为

$$\sigma_1=\frac{\sigma_x}{2}+\frac{1}{2}\sqrt{\sigma_x^2+4\tau_{xz}^2}$$

$$\sigma_3=\frac{\sigma_x}{2}-\frac{1}{2}\sqrt{\sigma_x^2+4\tau_{xz}^2}$$

$$\theta=\frac{1}{2}\arctan\left(-\frac{2\tau_{xz}}{\sigma_x}\right)$$

式中：

$$\sigma_x=\frac{M}{W}\quad 其中\ M=Fa,\quad W=\frac{\pi D^3}{32}\left(1-\frac{d^4}{D^4}\right)$$

$\tau_{xz}=\dfrac{M_n}{W_p}$　其中 $M_n=Fl$，$W_p=\dfrac{\pi D^3}{16}(1-\dfrac{d^4}{D^4})$

所以，测得该点的应力分量 σ_x 和 τ_{xz} 之后，即可根据上式计算出主应力的大小及主方向。

11.5　实验步骤及注意事项

(1) 组接桥路方案。根据测定内容，自行拟定组接桥路方案，并画出组接桥路示意图(可参考图 11－5)或组接桥臂编号次序。组接桥路方案中应包括：

① 采用半桥和全桥接法测定弯曲正应力 σ_x；

② 采用半桥和全桥接法测定扭转切应力 τ_{xz}。

(2) 接线。根据自拟的组接桥路方案，按照半桥或全桥接线方法，分别将各测点应变片的导线正确地连接于应变仪面板的接线通道上。

(3) 施加载荷。按照标记方向转动加载手轮，施加初载荷 F_1，从应变仪上读取相应的应变值(或清零)；然后，加末载荷 F_2，并读取相应的应变值。

(4) 放置专用支座。

① 将专用支座合适安放于薄壁圆管的滚珠轴承处，使薄壁圆管成为静不定弯曲扭转变形构件，选用半桥和全桥方式组接桥路，测定分析测点应变变化。

② 将专用支座合适安放于弯扭组合构件端部，则薄壁圆管只产生扭转变形，选用半桥和全桥方式组接桥路，测定分析测点应变变化。

(5) 实验结束后，卸去构件上施加的载荷，撤除专用支座、应变片的连接导线，关闭仪器电源。

11.6　实验报告要求

实验报告格式自拟，主要内容如下。

(1)根据实验记录，将载荷、应变读数及其他有关数据用表格形式列出，并按实验要求进行有关计算。绘制实验装置简图和桥路组接示意图。

(2)计算静定构件弯曲扭转组合变形时 A 点的主应力大小和方向，并将理论值与实验值进行比较。

(3)计算静不定构件弯曲扭转组合变形时 A 点的主应力大小和方向，并将静定与静不定的实验值进行比较。

(4)在实验报告中，至少包括两个思考讨论题的分析讨论。

11.7　思考讨论题

(1)在现有应变片布置情况下，测取弯曲正应力和扭转切应力，还可采用哪些接桥形式(试列举两种)?

(2)本实验中的误差主要由哪些因素造成(至少列举出两种因素)?

(3)通过本实验能否测出薄壁圆管材料的剪切弹性模量 G? 若可以，请给出测试方案，并列出 G 与 $\varepsilon_{读}$ 的显式关系(可利用公式 $G=\dfrac{E}{2(1+\mu)}$)。

(4)在薄壁圆管不同位置处增加支座后，结构的危险截面发生了什么变化? 从承载能力方面考虑结构设计有何利弊?

12. 偏心拉伸实验

12.1　概 述

通过弯曲正应力测定和弯扭组合主应力测定实验,对电测法的基本原理及测试方法已有所掌握。可是,对于独立应用电测法实验进行应力应变分析的全过程而言,还有许多因素需要考虑,譬如:如何根据测试对象来设计布片方案,选择电阻应变计规格及型式的依据,在测试构件上粘贴电阻应变计、连接引线及导线,防护措施工艺要求等内容。希望通过本实验使同学们能进一步了解和掌握电测实验的全过程。

12.2　实验目的

(1)应用电测法原理,测定偏心拉伸试件的应力分布规律及单一应变量。

(2)自行布置粘贴电阻应变计,熟悉电测实验的全过程。

12.3　实验内容及要求

(1)试件受到偏心拉伸时,测定其某一截面上的应力分布规律。

(2)试件受到偏心拉伸时,分别测定由拉伸和弯曲引起的单一应变量。

(3)试件受到轴向拉伸时,测定其某一截面上的应力分布规律。

(4)测定试件材料的弹性模量 E 和泊松比 μ,并验证胡克定律(选做内容)。

(5)根据以上实验内容,设计布片方案,确定组桥方式,粘贴电阻应变计。

12.4　实验设备

(1)多功能试验台(或电子万能试验机)。

(2)数字测力仪。

(3)拉压力传感器。

(4)静态电阻应变仪。

12.5　实验原理

在一矩形截面试件上施加拉力 F,如图 12-1 所示,则试件将会产生拉伸和弯曲两种变形。为了测出试件横截面上的应力分布规律,根据试件的受力状况,选定一截面沿其宽度粘贴若干个单向电阻应变片。如果要测试由某一内力素引起的应变量,只要将已贴好的应变片进行适当的组合,再利用电桥的性质,就可以分别测出在轴力或弯矩作用下所产生的单一应变量。

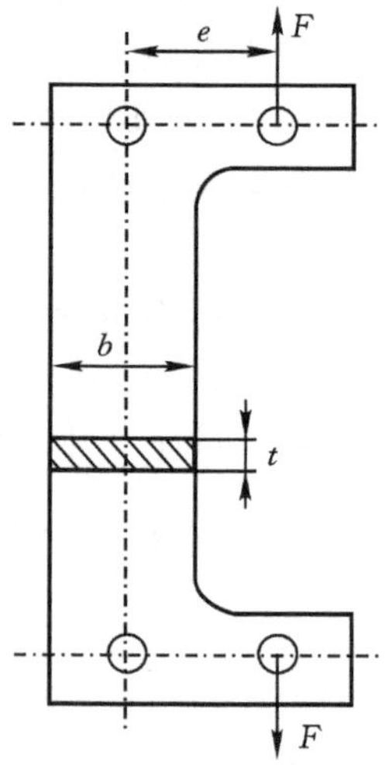

图 12-1　偏心拉伸试件示意图

12.6　实验试件及相关数据

(1)试件材料:铝合金

(2)试件基本尺寸(自行测量):标称偏心距 e =15.0 mm,标称试件厚度 t =5.0 mm,试

件宽度 $b=30.5$ mm

(3)加载方案(建议):

① 轴向拉伸加载(分级加载)

$F_1=0.5$ kN　　$F_{max}=3.0$ kN，　$\Delta F=0.5$ kN

② 偏心拉伸加载

$F_1=0.5$ kN　　$F_{max}=1.5$ kN　$\Delta F=1.0$ kN

12.7　实验报告及要求

实验报告格式自拟。主要包括以下内容。

(1)列表记录实验数据,即载荷、应变读数以及其他有关数据。

(2)绘制测试单一内力素对应应变量的组接桥路示意图。

(3)根据分级加载测试数据拟合曲线,按照最小二乘法计算试件材料弹性模量 E 和泊松比 μ。

12.8　思考讨论题

如果一板状试件所受的拉伸载荷 F 沿板厚及板宽方向有偏心,为了正确测得轴向应变值,如何通过布片和组桥消除此偏心的影响?

12.9　电阻应变计粘贴工艺

用电测法测量应变,粘贴电阻应变计是第一道关键工序,贴片的质量对测量的可靠性影响极大,必须给予充分注意。

(1)选取应变片。宏观观察应变片的丝栅是否整齐,引出线是否牢固,基层之间有无气泡,若上述外观检查没有问题,用单臂电桥或数字万用表(可测出 0.1 Ω)测试应变片初始阻值,把初始电阻值相差在±0.1Ω 的电阻应变计包装在一起,使用时选取工作片和补偿片最好是同一包规格的应变片。

(2)处理构件表面贴片部位。先用 120 粒金刚砂布打磨构件表面粘贴应变片的位置,再用 180 粒金刚砂布沿与应变片粘贴方向成±45°交叉打磨,打磨面积约为应变片片基尺寸的 2～3 倍。并用划针在测点处轻轻划出贴片方位线(对于实际结构件,视表面状况可用刮刀或挫刀清除构件表面的油漆、氧化皮和污垢,然后用砂轮将表面打平,再用砂布磨光)。

(3) 贴片。贴片前先用脱脂棉蘸丙酮或无水乙醇反复擦洗测点表面,直到无污物为止(清洗后的表面不要再用手摸)。在应变片粘贴面上涂一薄层胶水,然后将应变片的标记线对准划在构件表面上的方位线。在应变片上盖一张聚四氟乙烯薄膜,一手捏住引出线,另一手的拇指或食指压按聚四氟乙烯薄膜表面(切记要使应变片受垂直压力,不要错动或转动,以免移位或转向),将多余的胶水和气泡完全挤出使应变片准确牢靠粘贴。

(4) 固化。贴片后应按照所使用粘结剂的规定方法和时间进行固化干燥。一般选用室温可以固化的粘结剂,自然干燥的时间约为 15 至 24 小时(对于短期常规使用情况,可以选用快速固化粘接剂 502 等)。为了快速固化,可在自然干燥数小时后,再用红外线灯烘烤,烘烤的温度应控制在 40 ℃至 80 ℃范围,切勿骤热。若在潮湿的环境中贴片,烘干后,应立即采取防护处理。

(5) 确认粘贴质量。首先观察应变片粘贴位置是否正确，粘贴面有无气泡。再用万用表测量应变片是否有短路或断路现象，如果没有发现异常现象，再用低压高阻表或万用表高阻档测量电阻片与构件间的绝缘电阻。一般情况下，要求绝缘电阻在 50 MΩ 以上。

(6) 焊接与固定导线。为了保证应变片的引出线在焊接点良好绝缘，焊前在引出线下面粘一层绝缘层。导线与引出线之间使用接线端子，如图 12—2 所示，接线端子粘贴在应变片附近。应变片的引出线和测量导线分别用电烙铁焊接于端子，导线应预先挂锡，焊线的操作要迅速并绝对避免虚焊。

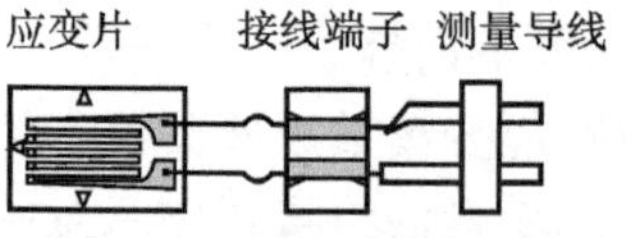

图 12-2　接线端子及其连接

(7) 防护应变片。应变片接好导线后，应立即涂上防护层，以防止大气中水分或其他介质的侵入，短期防护可在应变片上涂一层凡士林或 705 硅橡胶等。

13. 普通光弹性实验

13.1　概　述

光弹性实验是应用光学和弹性力学的有关原理，对模型（模型材料具有随应力施加而出现暂时双折射的特性）进行应力测定的一种实验方法。它是将实际构件按相似原理制成模型并放置在偏振光场中，模拟实际构件的约束情况和受力状态对模型加载，观察偏振光通过受力模型时的干涉效应，分析和计算出原实际构件的应力及其分布。

光弹性实验方法是实验应力分析中的一种重要方法。当实际构件的几何形状或受力情况较为复杂时，用理论分析有着一定的困难，采用光弹性方法进行应力测量，可以获得较为理想的结果。采用这种方法，不仅可以有效地确定危险点位置和应力大小，而且可以展示构件受力时应力分布情况的全貌，具有直观性强、可获得应力分布全场信息的优点。这对工程设计，为构件选择合理的形状和尺寸可提供重要的依据。这种方法，既能用于平面问题的应力分析，也能用于三维问题，并且还可对动应力、热应力和塑性变形等方面进行研究。因此，光弹性实验方法，在机械、土建水利、交通运输、化工容器、石油钻具、航空航天以及生物力学等方面得到了较广泛的应用。

13.2　实验目的

(1) 了解光弹性实验方法的基本原理及仪器设备的基本使用方法。

(2) 观察受力模型的力学-光学效应，会确定等差线条纹级数 n（整数级和半数级）。

(3) 学习确定模型材料条纹值 f_σ 的基本方法。

13.3　仪器设备及量具

(1)透射式普通光弹性仪。

(2)游标卡尺。

13.4　基本原理

13.4.1　基本知识

1. 自然光和平面偏振光

太阳或白炽灯所发出的光波是由无数个互不相干的波组成。在垂直于光传播方向的平面内所有可能的方向上，光矢量作无规则运动，并不表现出在任何方向上有优先性，这种光波称为自然光，如图 13-1 所示。

如果光波在垂直于传播方向的平面内，只在某一方向上振动，且光波沿传播方向上所有点的振动均在同一平面内，则此种光波称为平面偏振光，如图 13-2 所示。

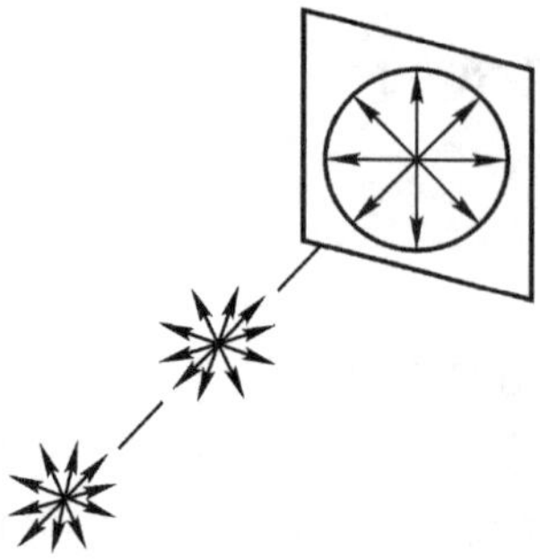

图 13-1　自然光

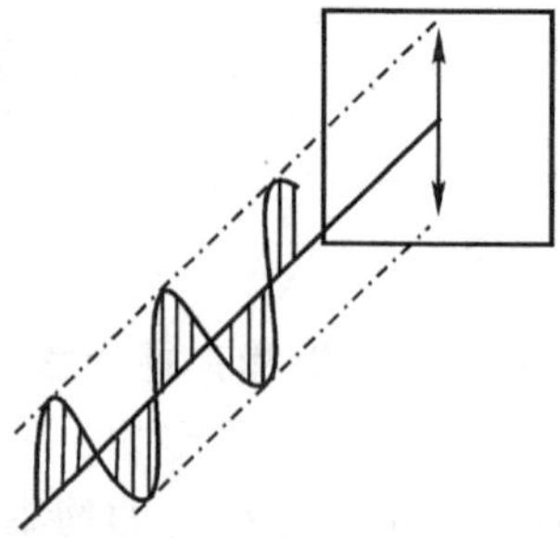

图 13-2　平面偏振光

获得平面偏振光的元件有偏振片，把偏振片所能通过的振动方向叫做偏振片的偏振轴，即偏振轴是一个方向。

在与光波传播方向相垂直的方向上放置两块相同的偏振片，可以使两偏振片的偏振轴相互垂直或平行放置(两偏振片平行)，从而可形成正交场(即暗场)或平行场(即亮场)。

2. 光波干涉的相干条件

光场的亮暗取决于光强的大小，两列(或两列以上)光波在传播过程中相遇时，在其重叠区域内，光强分布不均匀，有的地方加强，有的地方减弱，这样的现象叫做光的干涉。

光的干涉虽不难实现，但并非任意两列光波相遇都能产生干涉，如两支蜡烛发出的光波即使相遇，也不会产生干涉。为了产生光的干涉，相遇的光波必须满足光的相干条件。对于实际的光源，只有满足下列三个必要条件才能产生干涉。

① 两列光波的频率必须相同。这一条件的必要性是显而易见的。两列不同频率的波不可能相互叠加并产生简谐振动。

② 两列光波频率相同，在相遇点的振动方向必须相同，或者有振动方向相同的分量。

③ 两列光波在相遇的区域内，必须保持稳定的相位差或光程差。

要使两束光产生干涉，以上所述三个条件缺一不可。满足相干条件的光称为相干光，即相干光的叠加，将导致光强度在空间重新分布，形成干涉条纹。

3. 暂时双折射效应

当一束光线入射某些晶体后，出射后成为折射率不同的两束光，这种现象称为双折射。自然界中各向异性透明晶体的双折射性质是晶体固有的(如石英、云母等材料)，一束光入射，出射总是两束光，这种性质称为永久性双折射。光弹性实验所用的各向同性透明非晶体材料(如环氧树脂、聚碳酸脂等材料)，在无应力状态下没有双折射效应，但当其受力作用时，如同各向异性晶体一样，具有双折射效应；当应力解除后，这种双折射效应随即消失。所以我们把这种特性称为暂时(或人工)双折射效应。

4. 光弹性材料

普通光弹性实验是对按相似原理将实际构件加工成的模型进行应力分析的，这就要求模型的材料应具备以下几方面条件：透光性好，光学灵敏度高；具有暂时双折射效应；具有冻结效应；具有良好的机械性能和可加工性，等等。环氧树脂等材料经合适的工艺浇制即可有良好的性能满足光弹性材料要求。

13.4.2　平面应力-光学定律

如图 13－3 所示，处于平面应力状态的光弹性模型，当平面偏振光垂直入射模型时，由于此时模型具有暂时双折射效应，则入射光在模型上任一点分解为两束平面偏振光，其振动方向分别与该点的两个主应力 σ_1 和 σ_2 的方向平行，这两束光在模型中的传播速度因两个主应力值的不同而不同。所以，当这两束光通过模型(厚度为 t)时，就产生了光程差 δ。通过大量实验证明，光程差 δ 与主应力差 $\sigma_1-\sigma_2$ 有下列关系

$$\delta = ct(\sigma_1-\sigma_2) \tag{13-1}$$

式中：c 是模型材料的相对应力-光学系数。

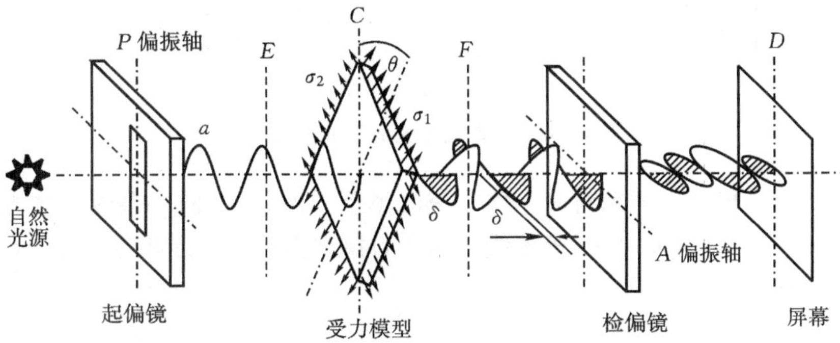

图 13－3　平面偏振光通过受力模型的情况

式(13－1)称为平面应力-光学定律。该式表明，通过模型时产生的光程差 δ 与主应力差 $\sigma_1-\sigma_2$ 成正比。由式(13－1)可知：所形成的光程差 δ，是模型整个厚度的积累效应。只要能知道光程差 δ，那么该点的两主应力差值即可确定。

为了确定光程差 δ，在模型后面放置一检偏镜(分析镜)A(即第二块偏振片，见图 13－3)。当通过模型后的两束偏振光达到 A 时，只有光波振动方向与检偏镜 A 的偏振轴方向平行的振动分量才能通过(其他方向的振动分量被吸收)。由于这两束有光程差的振动分量通过检偏镜 A 后共面，并且保持着通过受力模型时所形成的光程差 δ，因此就产生了光的干涉效应。图 13－4 表示通过检偏镜 A 后两束共面偏振光的光程差 δ 恰恰等于单色光波长 λ 的一倍和二倍时的情况。

实际上，当光程差 δ 等于单色光波长 λ 的任意整数倍时，即

$$\delta = n\lambda \quad (n=0,1,2,\cdots) \tag{13-2}$$

式中：n 是干涉条纹级数。由于干涉，在检偏镜(分析镜)A 后光消失而成为黑点。

在受力模型中，众多个满足光程差 δ 等于波长 λ 同一整倍数的各点，可连成一条黑色干涉条纹，称这些条纹为等差线。在一般情况下，受力模型中可同时呈现出 $n=0,1,2,\cdots$ 各干涉条纹。为了区别它们，将 $n=0$ 的条纹称作零级等差线，$n=1$ 的条纹称作一级等差线，依此类推。因此，从光学上讲，等差线表示模型内光程差相同的点所形成的轨迹。

将式(13－2)代入式(13－1)，得

$$\delta = ct(\sigma_1-\sigma_2) = n\lambda \tag{13-3}$$

由上式可看出，当受力模型中一点由于主应力差 $\sigma_1-\sigma_2$ 所引起的光程差为波长 λ 的整数

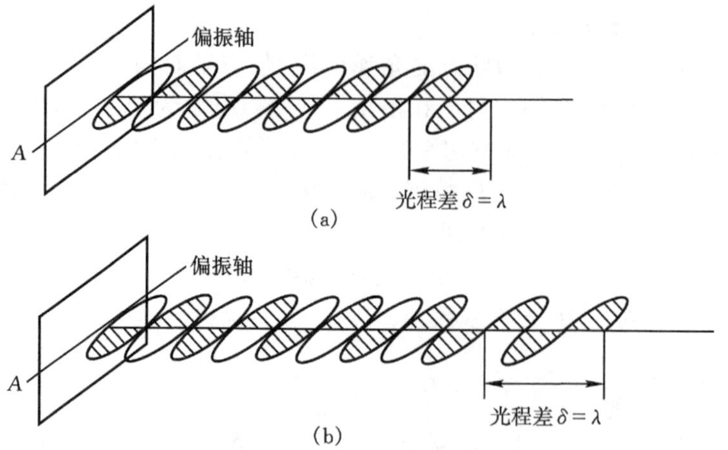

图 13-4　两束偏振光的干涉消光现象

倍时，即产生消光，出现了一系列对应不同 n 值的黑色干涉条纹，同一条纹上各点有相同的主应力差值。因此，从力学意义来说，等差线表示受力模型内主应力差相等的点所组成的轨迹。

由式(13-3)得

$$\sigma_1-\sigma_2=\frac{\lambda}{c}\frac{n}{t}$$

令 $f_\sigma=\frac{\lambda}{c}$ 得

$$\sigma_1-\sigma_2=\frac{f_\sigma}{t}n \tag{13-4}$$

式(13-4)是光弹性实验中最常用的应力计算公式。其中 f_σ 是与光源和模型材料有关的常数，称为材料条纹值，单位是 N/m · 条。材料条纹值 f_σ通过实验标定得到。它的物理意义是：当模型为单位厚度时，对应于某一定波长 λ 的光源产生一级等差线所需要的主应力差值。

由式(13-4)可知，主应力差 $\sigma_1-\sigma_2$ 与条纹级数 n 成正比。条纹级数越大，表明该点处的主应力差值越大。因此，条纹级数 n 成为衡量主应力差 $\sigma_1-\sigma_2$ 的重要依据。故在进行光弹性实验时，准确确定等差线条纹级数 n 成为一个重要环节。

同样道理，当将受力模型置于平行偏振光场(即起偏镜 P 与检偏镜 A 两偏振轴相互平行)时，可获得干涉条件为 $\delta=\frac{\lambda}{2}m$ $(m=1,3,5,\cdots)$的干涉条纹，即产生消光的条件是光程差 δ 为半波长的奇数倍，对应的等差线条纹级数分别为 0.5 级、1.5 级、2.5 级，依此类推。

通常，在进行光弹性实验时，分别采用正交场(即暗场)和平行场(即亮场)，从而可以得到等差线条纹级数为 0 级、0.5 级、1 级、1.5 级…等的干涉条纹，同时可在屏幕后面的描图纸上(或记录仪中)描绘出(记录下)等差线分布图。

13.4.3　等差线条纹级数的确定

1. 白光下的等差线

若采用单色光作光源，所有等差线全是黑色条纹。而当采用白光作光源时，除零级等差线呈永久性黑色(点、线或片)条纹外，其他级数等差线所共同有的颜色是由黄色、红色、绿色组成的彩色条纹，并且，黄色、红色、绿色次序给出了等差线条纹级数增加的方向。反之，绿色、红色、黄色次序为等差线条纹级数减小的方向。

2. 整数级等差线的确定

在正交平面偏振光场(即暗场)中,所出现的干涉条纹可能是零级或非零整数级等差线条纹,这两种条纹具有不同的特征,可通过不同方法有效确定。

(1)零级等差线的确定。对于受力模型上主应力差 $\sigma_1-\sigma_2=0$ 的点(线或片),其光程差 $\delta=0$,因此对任何波长的光波均发生消光而形成黑点(或线、片),又由 $(\sigma_1-\sigma_2)=\frac{f_\sigma}{t}n$ 知,与此对应的等差线级数 $n=0$。因此,零级等差线具有以下特点:无论在单色光或白光光源情况下,零级等差线始终为黑色,只要模型的形状尺寸、约束形式、载荷作用位置及方向不变,零级等差线所在位置不随载荷大小改变。

(2)非零整数级等差线的确定。由于等差线反映了主应力差的分布规律,所以根据受力模型中应力变化的连续性,等差线条纹级数的分布也应是连续的。因此,在确定了零级等差线(若有的话)后,从零级等差线到所测位置,在白光光源时,若条纹颜色经过一次黄色、红色、绿色变化,粗略地说等差线级数 $n=1$,称其为一级等差线;若经过两次黄色、红色、绿色变化,即 $n=2$,称为二级等差线,依此类推。相反,若从某 n 级等差线开始,颜色次序为绿色、红色、黄色依次到所测位置,则此处的等差线级数为 $(n-1)$ 级,等等。

3. 半数级等差线条纹级数确定

在平行平面偏振光场(即亮场)中出现的干涉条纹为半数级等差线条纹。条纹级数增减规律与非零整数级等差线的确定方法一致。

4. 等差线条纹级数准确位置的确定

若用单色光源,其准确位置在黑色等差线条纹的中线;若用白光光源,其准确位置在红、绿色交界处。

13.4.4　主应力大小的确定

确定了等差线条纹级数 n 后,即可根据式(13-4)即 $\sigma_1-\sigma_2=\frac{f_\sigma}{t}n$ 求得主应力差 $\sigma_1-\sigma_2$。对于多数处于二维应力状态下的物体,其危险点往往在边界上,并且这些点通常处于单向应力状态,即必有一个主应力 σ_1 或 σ_2 为零,由式(13-4)可得

$$\sigma_1(\text{或}\ \sigma_2)=\frac{f_\sigma}{t}n \tag{13-5}$$

从而,可方便地计算出边界上危险点的主应力大小。

对于一般平面应力状态,如欲确定模型中任一点的主应力大小,得到整个模型中主应力的分布规律,只由式(13-4)还不能确定,须辅助以其他方法来分离主应力 σ_1 及 σ_2。常用的方法有:切应力差法计算或用全息光弹性法测取主应力和 $\sigma_1+\sigma_2$,联立式(13-4)求解,等等。限于篇幅,这些内容不作进一步介绍。

13.4.5　等倾线的确定

工程实际中,除了要确定构件主应力的大小外,还要求知道主应力的方向。我们把表示主应力方向的线称为等倾线。

根据光的波动理论知道,在图 13-3 所示的平面偏振光场中,若受力模型内某主应力的方向与起偏镜 P 或检偏镜 A 的偏振轴重合(或垂直)时则消光,即该点在屏幕上呈暗点。这是由于从起偏镜 P 发出的偏振光能沿该点的主应力方向通过,模型对它不发生双折射作用。但当

光达到检偏镜 A 时，由于 A 与 P 的偏振轴垂直，故使光全部受到阻拦，以致在屏幕上呈现黑点。如果有许多点的主应力方向均与偏振轴的方向一致，则这些点将构成一条黑线，即等倾线。

通常，起偏镜 P 与检偏镜 A 分别以水平和垂直位置为基准，这时模型上出现的是 0°等倾线，在这条等倾线上的各点，其主应力方向之一与水平轴夹角为零。只要同步反时针方向旋转起偏镜 P 和检偏镜 A，保持两偏振轴正交，即可获得不同角度的等倾线。例如，每隔一定的角度(5°或 10°)，描绘出对应的等倾线，并标明其倾角度数，直至旋转到 90°，此时等倾线又与 0°等倾线相重合。

在绘制或观察等倾线图时，采用白光源的正交平面偏振光场，此时，等差线与等倾线并存，等差线除零级条纹外总是彩色条纹，而等倾线总是黑色条纹，并且，若同步旋转起偏镜 P 和检偏镜 A，等差线条纹不动，等倾线随着变动。

由以上讨论可知，如果要获得等倾线，应采用白光光源正交平面偏振光场；如果要单独获得等差线，光场应作些改变，以避免等差线与等倾线并存，两种条纹相互干扰的现象。为此在图 13－3 所示的光场中模型前后(如 E,F 处) 按一定角度各适当放置一块四分之一波片 Q，形成平面圆偏振光场，如图 13－5 所示，以消除等倾线，只保留等差线。

13.5　实验内容及步骤

(1)认识透射式光弹仪及各光具(见图 13－5)，并了解光路布置及光场的调整方法。

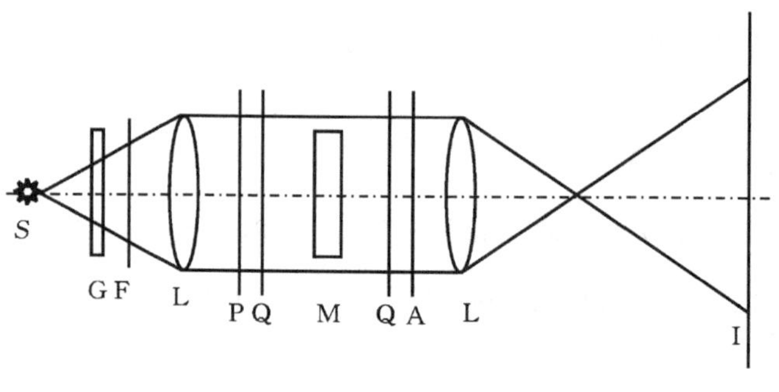

S—光源；G—隔热玻璃；F—滤色片；L—透镜；P—起偏镜；
A—检偏镜；Q—四分之一波片；M—模型；I—屏幕

图 13－5　透射式光弹仪光路示意图

(2)采用白光光源正交圆偏振光场，将偏心拉伸试件置于加载架上，适当改变载荷大小并观察：

① 呈现出彩色干涉条纹，即等差线条纹的多少与所加载荷大小的定性关系；

② 载荷从小到大施加，逐渐出现一条条彩色等差线条纹，注意条纹上颜色的变化次序；

③ 若干条彩色等差线条纹并存时，它们所共有的颜色是哪几种。

(3)采用不同的光源(白光、单色光)、圆偏振光场(正交场、平行场)，对偏心拉伸试件施加载荷 F，确定等差线条纹级数(包括整数级和半数级)$n=0,1,2$ 和 $0.5,1.5,2.5$ 等，并判定其准确位置。

(4)采用白光光源、圆偏振正交光场，确定吊钩模型(已冻结过)上不同点的等差线条纹级

数 n。因本模型的应力分布比较复杂，故应特别注意等差线条纹颜色的变化次序。

(5)结合偏心拉伸或纯弯曲典型模型，说明测定模型材料条纹值 f_σ 的基本思路。选一模型，可根据理论计算出测点的主应力差 $\sigma_1-\sigma_2$(或主应力 σ_1，或 σ_2)，并由实验测定出模型上同一位置的等差线条纹级数 n，从而应用关系式 $\sigma_1-\sigma_2=\frac{f_\sigma}{t}n$ 即可方便地求出模型材料条纹值为

$$f_\sigma=(\sigma_1-\sigma_2)\frac{t}{n}$$

(6)确定偏心拉伸模型见图 13-6 上 A 点的应力大小，并用"钉压法"判定自由边界上 A 和 B 处的主应力符号。

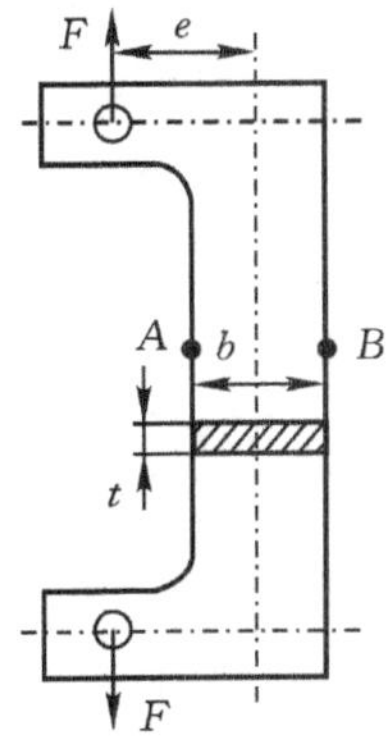

图 13-6 平板偏心拉伸

根据模型形状及受载情况可由理论分析得知，边界上 A 和 B 处的主应力分别为拉应力和压应力。但在实际问题中，由于问题的复杂，往往难以用理论直接分析出所求位置的应力符号。下面介绍一种判定主应力 σ_1，σ_2 符号简便且行之有效的方法——钉压法。这种方法是用一个钉头状的物体沿自由边界的法线方向，顶压该边界，观察顶压点附近等差线条纹级数的变化趋势，由此来判断该点的应力符号是正或负(即拉伸还是压缩)。

当顶压使得该点的等差线条纹级数 n 增加时，则该点垂直于顶压方向的主应力 σ 为拉应力；反之则为压应力。分析如下：由关系式

$$\sigma_1-\sigma_2=\frac{f_\sigma}{t}n$$

可以看出，若被测点边界切向应力 σ_1 为拉应力，沿边界法向施加微小压力引起的$(-|\Delta\sigma|)$使$[\sigma_1-(\sigma_2-|\Delta\sigma|)]=(\sigma_1+|\Delta\sigma|-\sigma_2)$，即等式左边的值增大，则等式右边的条纹级数 n 也势必增加；同理，若该点边界切向主应力 σ_1 为压应力，则等式左边的值减小，右边的条纹级数 n 也势必减少。所以用钉压法能够判断自由边界上点的主应力符号(不管 σ_2 是否存在)。

(7) 观看其他冻结模型的等差线条纹分布情况。如具有不同孔形的轴向拉伸模型、吊钩模型、热轧机框架模型、圆盘、圆环等等。以进一步了解复杂应力场等差线条纹级数 n 的准确测定、应力集中系数 α 测定、冻结法在三维问题中的应用等。

(8)在白光光源、平面正交偏振光场(即取掉图 13-5 中的两块四分之一波片 Q)，观察吊钩冻结模型等差线和等倾线并存的情况，并通过同步旋转起偏镜 P 和检偏镜 A，观察等倾线的变化情况，了解确定等倾线的基本方法。

(9)实验结束，收拾整理好仪器、模型等。

13.6 注意事项

(1)试件安装应平正、稳定，以免弹出击坏光具或伤人等。

(2)缓慢加载，并控制好载荷大小，严禁过载，以免损坏模型。

(3)光弹仪上的光具，不得用手直接触摸或随便擦拭。

(4)不得随便开关光源汞气灯，熄灯后需隔约十分钟才可再次启动。

13.7　思考讨论题

(1)等差线条纹具有哪些特点？

(2)试比较单色光和白光光源各在什么测定场合下使用较为有利？

(3)试分析影响测量结果准确性的主要因素有哪些？

14. 冲击试验

14.1 概　述

机械工程中有许多构件受到冲击载荷作用，如金属锻造加工、飞机降落等。虽然这些构件都是由在静载荷时表现出一定塑性的材料制成，但是由于结构的需要，往往有各种形式的缺口，如油孔、键槽、螺纹、截面尺寸突变等。这些有缺口的构件，当它们受到冲击载荷作用时，就会呈现出脆性的倾向或脆性断裂。这是因为塑性变形需要一定的时间，当加载速度很快而塑性变形不能充分进行时，在宏观上表现为屈服强度与静载荷相比有较大的提高，但塑性却明显下降，材料会产生明显的脆化倾向；其次缺口引起应力集中，在缺口根部附近呈三向拉伸应力状态，材料亦会呈现脆性断裂倾向。因此，在设计有缺口和承受冲击载荷的构件时，为防止脆性断裂并保证零件安全可靠，应该考虑到材料抵抗冲击载荷的能力。为了评定金属材料抵抗冲击载荷的能力，揭示金属材料在冲击载荷作用下的力学行为，需要进行相应的力学性能试验。

由于冲击载荷作用从开始到结束的时间很短，测量载荷的变化和构件的变形有时很困难。然而，构件承受冲击载荷作用导致破坏所消耗的能量有时却比较容易测量。因此，可通过测定冲击载荷的能量，以衡量材料抵抗冲击载荷的能力，这个指标通常称为冲击韧度，它是通过冲击试验来测定的。

14.2 试验目的

(1)了解金属材料常温冲击韧度 α_{KU}、α_{KV}测定的试验方法。

(2)测定钢材的冲击韧度 α_{KU}，并观察试件破坏断口特征。

14.3 仪器设备及量具

(1)摆锤式冲击试验机。

(2)游标卡尺。

14.4 原理及方法

缺口试件的一次性冲击弯曲试验是测定材料冲击韧度最常用的试验方法，试验在摆锤式冲击试验机上进行。在国标 GB/T229—2007 中，对夏氏试件的尺寸、机座尺寸、摆锤刃口的尺寸都作了规定，把夏氏 U 型缺口试件作为标准试件，如图 14-1 所示，摆锤式冲击试验机的构造原理如图 14-2 所示。摆锤质量 m，摆锤臂长 l，悬挂在转轴 O 上，摆锤扬起角 α，于是摆锤便具有位能 mgH_0。试验时，扳动控制手柄使摆锤绕转轴 O 突然自由下摆，冲击安装在机座上的试件。当试件被一次冲断后，摆锤继续向前扬起的角度为 β，故剩余的能量为 mgH_1。摆锤所减小的位能即为冲断试件整个过程所消耗的冲击功 A_K，其值可根据下式计算

$$A_K = mgH_0 - mgH_1 = mgl(\cos\beta - \cos\alpha) \qquad (14-1)$$

试验时，从试验机的刻度盘上可以直接读出冲击功 A_K 的大小。若忽略冲击试验机所吸收的弹性变形能和将试件抛出所消耗的能量等，则可以近似地认为冲击功等于试件折断时所吸

收的能量。将冲击功 A_K 除以试件缺口处横截面面积 A，所得的数值定义为材料的冲击韧度 α_{KU}，则

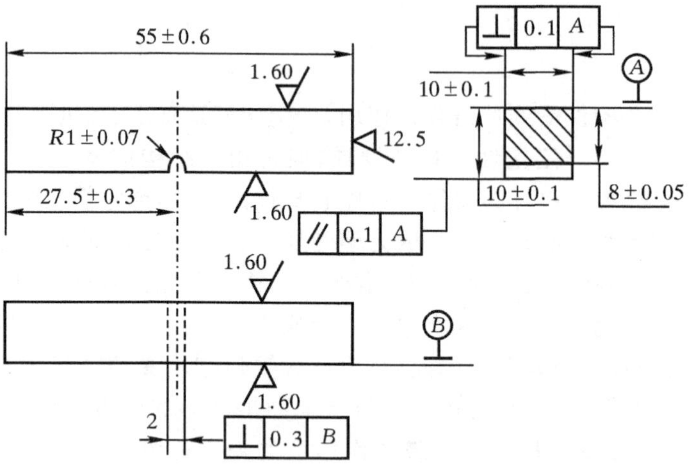

图 14-1　夏氏 U 型冲击试件

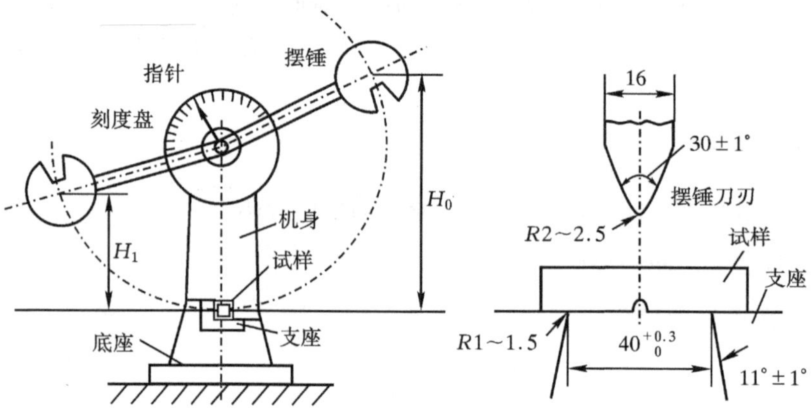

图 14-2　摆锤式冲击试验机构造原理图

$$\alpha_{KU}=\frac{A_K}{A} \tag{14-2}$$

式中：A_K 的单位是焦耳(J)或千克力·米(kgf·m)；α_{KU} 的单位是焦耳/平方厘米(J/cm^2)或千克力·米/平方厘米(kgf·m/cm^2)。

夏氏冲击试件还有另外一种形式——V 型缺口试件，如图 14-3 所示。夏氏试验标准规定，V 型缺口试件试验结果直接用冲击功 A_K 表示，单位为焦耳(J)。

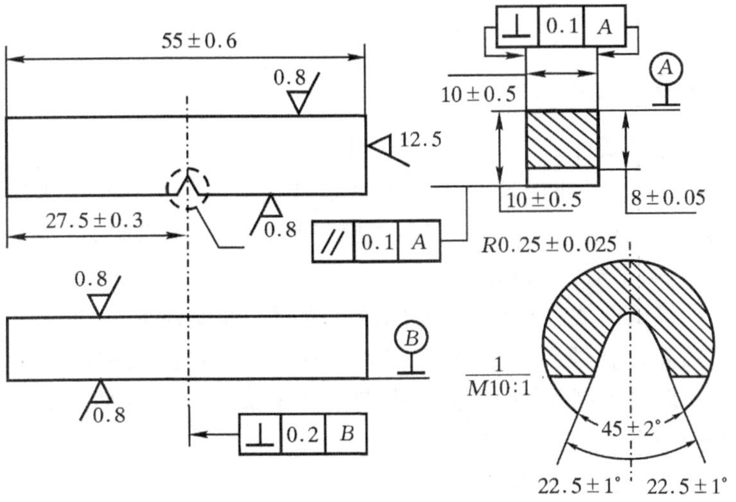

图 14-3 夏氏 V 型冲击试件

缺口试件受到冲击载荷作用，缺口断面的断裂经历了裂纹在缺口根部的形成、裂纹的扩展和最终断裂等过程，所以冲击功 A_K 就包含了冲断试件所消耗的弹性变形功、塑性变形功及裂纹形成一直到试件完全断裂的裂纹扩展功这样三个部分。对于不同材料，冲击功可以相同，但它们的弹性功和裂纹扩展功却可能相差很大。若弹性功所占比例很大，塑性功很小，裂纹扩展功几乎为零，则表明材料断裂前塑性变形小，裂纹一旦出现就立即断裂，断口呈现晶粒状脆性断口。反之，若塑性变形功所占比例大，裂纹扩展功也大，则为韧性断裂，断口呈现纤维状为主的韧性断口。又由于冲击韧度 α_{KU} 是具有一定形状尺寸的缺口试件，在一次冲击载荷作用下折断时所消耗的功，除以缺口处面积所得的商。因此，α_{KU} 的大小不仅与材料性能有关，而且与试件形状、尺寸及缺口形状、尺寸有关。由此可见，冲击韧度并不能直接反映材料韧性和脆性，也很难反映构件实际工作时抵抗脆断的能力(因为应力状态不同)。但是，脆性或低塑性材料断裂时所需的能量小，而高塑性材料断裂时所需的能量大，则可由冲击韧度值定性地给予反映，故冲击韧度 α_{KU} 仅仅是一个经验性、综合性定性评价材料性能的指标，尚不能根据零件设计的要求来定量地提出对冲击韧度值的要求，只能根据经验，尤其是事故教训提出某些零件对材料冲击韧度值的要求。例如，用于飞机起落架的高强度钢，要求在室温时 α_{KU} 不低于 6.0 J/cm^2，对于船用钢板其 A_K 值在 10 ℃ 时，必须高于 20.3 J。

还应该注意，同一种材料在不同冲击试验机上测得的冲击吸收功 A_K 值会不同；在同一台试验机上进行冲击弯曲试验，有缺口试件和无缺口试件、非标准试件和标准试件，测得的不同冲击吸收功不存在换算关系。

虽然冲击吸收功不能真正代表材料的韧脆程度，但由于它对材料的品质、内部缺陷、晶粒大小及内部组织变化等因素极为敏感，而且冲击弯曲试验简便易行，所以仍在生产中得到广泛应用。首先，用于控制原材料的冶金质量和热加工(铸、锻、焊、热处理等热加工工艺)后的产品质量，判定工艺规范的执行情况。如可揭示原材料中的夹渣、气泡、严重分层、偏析以及夹杂物等冶金缺陷等等，检查过热、过烧、回火脆性等锻造或热处理缺陷等等。其次，由于常用结构钢会随着环境温度的下降而呈现脆性的倾向，且在一定的温度区间材料的韧性差别很大，而用系列低温冲击试验可以确定结构钢的韧脆转折温度，为进行低温结构设计和抗脆断设计时选用材料提供依据。

14.5 试验步骤

(1) 用游标卡尺测量试件缺口处的断面尺寸。

(2) 安装试件前，先校正冲击试验机刻度盘指针位置零点，先将摆锤抬至规定高度卡钩处，然后扳动手柄脱钩使摆锤自由摆下空打，观察指针是否在零点附近(最大偏差不得大于最小刻度的四分之一)，否则需进行调整。

(3) 安装试件。将试件放在机座上，试件缺口背面对准摆锤刃口，使缺口正好与摆锤刃口处于同一截面。然后抬起摆锤至规定高度卡钩处，操作者应退到保护栅外。

(4) 进行试验。扳动控制手柄，摆锤自由摆下冲击试件。试件冲断后应分次缓慢地制动摆锤，然后记录冲断试件所消耗的能量 A_K。

(5) 取出破坏试件，观察断口特征。

14.6 试验结果的处理和报告

根据所记录的数据，计算材料的 α_K 值。试验报告格式自拟。

14.7 注意事项

(1) 不允许在摆锤扬起的情况下安装试件。当摆锤抬起后，绝不允许任何人进入摆锤的打击范围内，以免发生人身事故。

(2)用手抬起摆锤并确信卡钩扣住后，方可慢慢松手放开摆锤。

(3)制动摆锤时不要施力过猛(一般分 2～3 次制动)，以免损坏试验机。

14.8 思考讨论题

(1)冲击试验为何要采用标准试件？冲击韧性值在工程中有什么使用价值？

(2)观察冲击试件断口特征有何意义？

15. 疲劳演示试验

15.1 概　述

工程中很多机件和构件是在交变应力作用下工作的，如曲轴、连杆、弹簧、叶片等，其失效形式称为疲劳破坏。据统计，机械工程中失效件约 80％属于疲劳破坏。例如，火车的车轴是典型的弯曲疲劳，连杆承受拉-压疲劳，柴油机曲轴是弯曲和扭转疲劳的组合，等等。尽管疲劳载荷有各种类型，但疲劳破坏有一些共同的特点。第一，疲劳破坏时没有显著的宏观塑性变形，破坏前无明显预兆，断裂是突然发生的；第二，引起疲劳断裂的应力远小于材料的静强度极限 σ_b，甚至低于材料的屈服极限 σ_s；第三，疲劳破坏的断口呈现两个明显不同的区域，一部分是较光滑的裂纹扩展区，另一部分是较粗糙的瞬时断裂区。

由于疲劳破坏通常在构件运转过程中无明显预兆的情况下突然发生，往往造成严重事故，危害性极大。所以，测定材料在交变应力作用下的力学性能，即持久极限，有着十分重要的意义。

试验表明，材料的持久极限不仅与材料本身的性质有关，而且与交变应力的循环特征、变形类型等因素有关。这里仅介绍测定一般碳素钢在纯弯曲对称循环下持久极限的试验方法。

15.2 试验目的

(1) 了解测定材料疲劳性能的方法及疲劳试验机的构造。

(2) 观察试件疲劳破坏的断口形貌特征。

15.3 试验设备

本试验采用纯弯曲疲劳试验机，试验机的结构示意图如图 15 - 1(a)所示。试件夹持在套筒轴内的弹簧夹头之中，这样套筒轴与试件就成为一个整体，支承在滚珠轴承上。利用电动机，通过弹簧软轴 ，使试件与套筒轴一起转动。载荷是通过横杆及滚珠轴承传给试件的，从而使试件中段产生纯弯曲变形，如图 15 - 1(b)所示。试件的旋转次数由计算器记录。

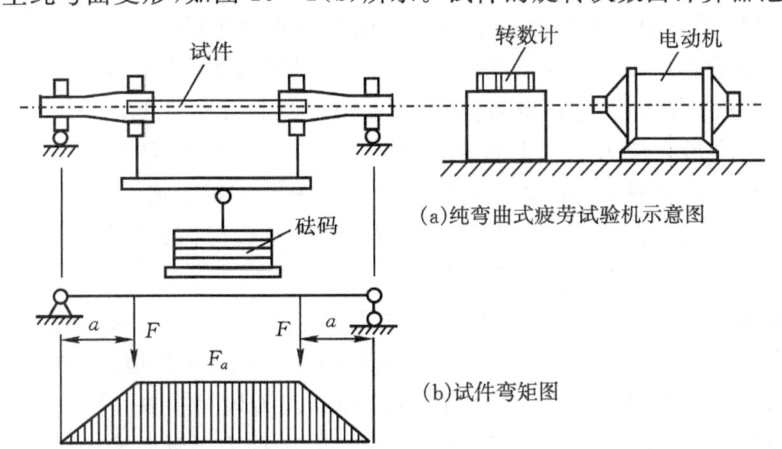

图 15 - 1　纯弯曲疲劳试验原理示意图

15.4 试件制备

试件的形状和尺寸取决于试验机的类型及实际测试需要。各种疲劳试件对加工要求都极为严格。如同一组试件(一般 8～10 根)在毛坯的切取方向应该相同;由于试件表面粗糙度等对试验结果有较大影响,所以,加工条件也应尽量一样,而且试件表面均须磨削并沿纵向机械抛光,使粗糙度达到 $R_{a0.2}$;圆角处要光滑过渡,等等。详细要求参见 GB4337—2008《金属旋转弯曲疲劳试验方法》。

15.5 原理及方法

一根承受纯弯曲载荷的圆棒试件绕轴线旋转时,载荷方向不变,试件上任一点 A 的应力随其旋转周期性地交替变化(见图 15-2)。

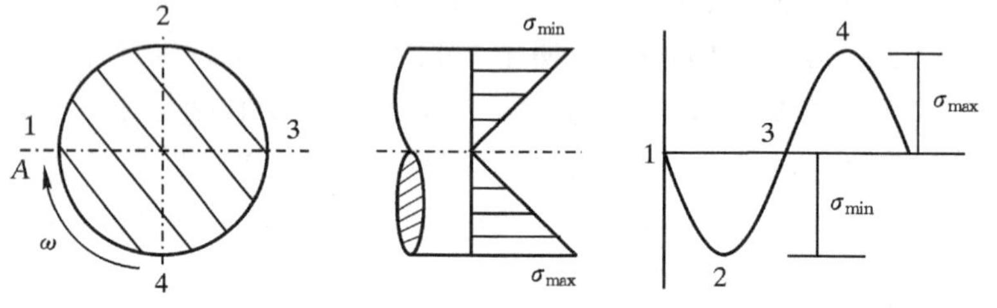

图 15-2 试件上 A 点应力随时间变化示意图

当 A 点处于最低位置时,受有最大拉应力 $\sigma_{max}^{拉}=\dfrac{M}{W}$;当 A 点处于最高位置时,受到最大压应力 $\sigma_{max}^{压}=-\dfrac{M}{W}$;当 A 点在中间位置时,应力为零。因此,A 点承受着对称循环的交变应力作用,其循环特征系数 $r=-1$。

试验证明,材料的疲劳寿命(即材料在破坏前所经历的循环次数)与它所承受的应力水平有关。应力水平高,疲劳寿命短;应力水平低,疲劳寿命长。

试验时,各试件所受的最大应力 σ_{max} 不同,疲劳寿命也就不同,由此可得到一系列 σ_{max} 和 N(N 为循环次数)的数据。如果以 σ_{max} 为纵坐标,以 N 为横坐标,就可得一条 $\sigma_{max}-N$ 曲线,如图 15-3 所示,这条曲线就是应力-寿命曲线,它是表征材料疲劳性能的重要资料,对估算构件的寿命非常有用。当最大应力 σ_{max} 低于某极限应力 σ_r 时,其应力-寿命($\sigma-N$)曲线趋于水平线,如图 15-3 所示,该极限应力即称为材料的持久极限。工程上通常把在规定的循环次数内不发生疲劳破坏的最大应力称为材料的持久极限(也称疲劳极限),对称循环持久极限用 σ_{-1} 表示。持久极限是材料一项重要的力学性能。

对于一般碳钢材料,如果在某一交变应力作用下经受 $N_0=10^7$ 次循环而不破坏,则认为可以承受无限次循环而不会发生破坏,相应地不发生破坏的最大的应力称为持久极限。但对于合金钢和有色金属材料却不存在这样的性质,因此,人为地规定在 $N_0=10^8$ 次循环时不发生破坏的应力为条件持久极限。这里所说的 10^7 或 10^8 次称为循环基数 N_0。

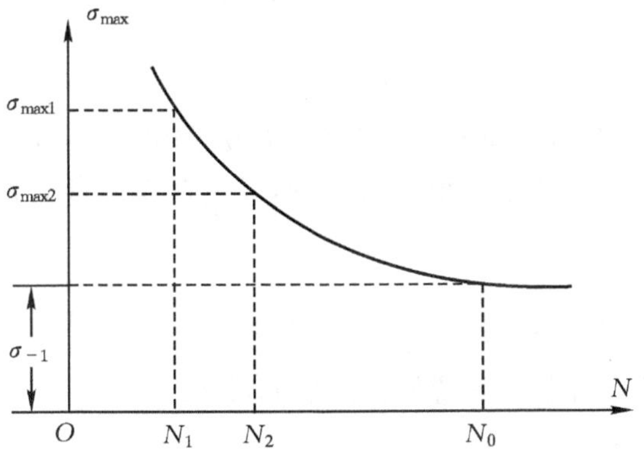

图 15－3　对称循环应力-寿命曲线示意

15.6　试验步骤

(1)试件准备。取 8～10 根试件,检查试件表面加工质量,要求试件表面无加工刀痕、锈蚀或擦伤。对每根试件编号并测量直径,测量精度为 0.02 mm。

(2)安装试件。将试件装入试验机,牢固夹紧。试件与套筒轴必须保持良好的同心度,故试件安装好后可用手慢慢旋转套筒轴,要求用千分表测量试件上下跳动量不大于 0.02 mm。然后空载运转,试件跳动量不大于 0.06 mm。

(3)进行试验。试件的工作应力一般可这样来选取,对于碳钢材料,第一根试件的交变应力的最大值 σ_{max1} 约取该材料的静抗拉强度 σ_b 的 60%。加载前,先开动试验机,然后将砝码加到规定值,并记录计数器的初读数。当试件经历一定的循环次数断裂时,试验机也自动停止,此时再记下计数器的末读数。计数器末读数与初读数的差值,即为试件的循环次数 N_1,从而得到一组数据(σ_{max1},N_1)。然后,以同样的过程对第二根试件(其最大应力要略低于第一根试件的最大应力值,一般比前一根试件的应力值低 20～40 MPa)进行试验,直至试件断裂,得到第二组数据(σ_{max2},N_2)。这样,依次降低各个试件的最大应力(但最后两根断裂与未断裂的试件,其应力差不得大于 10 MPa)进行试验，即可依次得到第 i 组数据(σ_{maxi},N_i)。

(4)试验结束后,取下破坏试件,观察试件疲劳宏观断口特征。

15.7　试验结果整理

(1)计算试件所受最大应力 σ_{max}(见图 15－2)

$$\sigma_{max}=\frac{M}{W}=\frac{Fa}{\frac{1}{32}\pi d^3}=\frac{32Fa}{\pi d^3}$$

式中:d 为试件的直径;a 为滚动轴承 3 和 4 的中心距离;F 为试件所承受的载荷。

(2)绘出应力-寿命曲线

以 σ_{max} 为纵坐标,N 为横坐标,将各数据点绘在方格纸上,连接成光滑曲线或直线拟合,即得应力-寿命曲线($S-N$ 曲线)。

(3)根据上述测定持久极限方法,确定被测材料的 σ_{-1} 值。

(4)观察各试件疲劳断口,依次排队,简述其破坏特征。

15.8 注意事项

(1)不允许在满载荷下启动电动机,否则试件易发生塑性弯曲,且易烧毁电动机。

(2)试件高速运转时,不可用手接触运转部分,以免造成人身事故。

15.9 思考讨论题

(1) 试简述金属疲劳断裂的特点。

(2) 试简述金属疲劳宏观断口的特征及其形成过程。

16. 残余应力测定实验

16.1　概　述

在工程实际中所用的仪器、设备、器件(甚至计算机芯片),以及结构系统等,大都是由各种零件或构件组成,而这些零构件需经加工成型或焊接、铸造、轧制、表面处理及热处理工艺等制造过程而制成,这些过程都会不同程度地在零构件中形成一种初应力——残余应力。残余应力是在无外力或温度变化的作用时,以平衡状态存在于物体内部的应力。由于这种应力的存在,它会使加工好的零构件尺寸变化、甚至开裂,从而影响了零构件的形状精度、使用性能及寿命,所以,必须对其加以研究,以便采取有效的措施,消除、减小残余应力或改善残余应力的分布情况。

测定残余应力的方法可分为机械法和物理法。机械法以打孔释放法为主,物理法以 X 光衍射法为主。打孔释放法能用于测定构件中所有已存在的应力,如构件中由于载荷引起的工作应力,构件自重引起的自重应力,以及各种加工和制造过程所产生的残余应力等,但它以测定残余应力为主。本节将介绍打孔释放法测定残余应力的基本原理及方法。

16.2　实验目的

(1)学习打孔法测定残余应力的基本原理。

(2)测定薄板单向拉伸时的应力。

16.3　基本原理及方法

1. 打孔释放在力学效应上等效于反向加载

打孔释放法是在要测定残余应力的试件表面测点处打一个小孔,由于打孔后孔壁上原有的残余应力释放,从而在孔周围邻域引起残余应力变化,产生线应变变化,测量这种线应变即可确定测点处原有的残余应力。

设一有残余应力的薄平板试件,取试件上沿主应力方向的残余应力为 $\sigma_1,\sigma_2(\sigma_1\neq\sigma_2)$ 并且沿薄平板厚度均匀分布,如图 16－1 所示。

欲测定试件上 O 点的残余应力,则以 O 为圆心,打一个半径为 a (a 一般为 1 mm 左右)的通孔,由于孔很小,所以可认为小孔区域内的应力是均匀的,从而可认为孔壁的应力分量即是 O 点的应力分量。实际上,打孔等于从薄平板上测点 O 处挖去一个圆柱形单元体,在平板上留下一个孔,孔壁原有的极坐标中的应力分量($\sigma_r,\tau_{\theta r}$)已释放,如图 16－2 所示。孔壁成为自由表面,如图 16－2(a)所示),圆孔变形成为椭圆形。

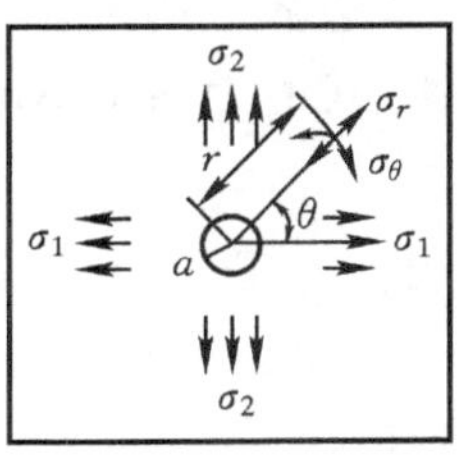

图 16－1　应力场示意图

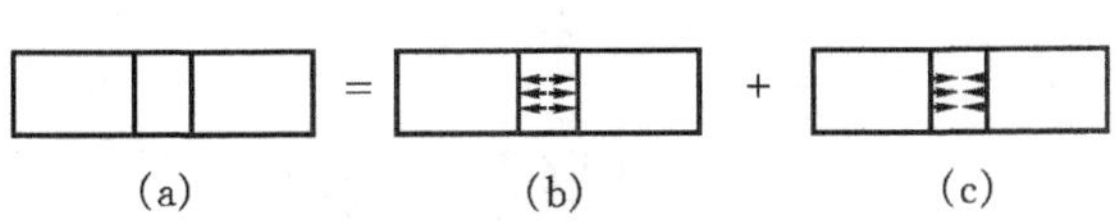

图 16－2　应力叠加示意图

假如在孔壁上施加与$(\sigma_r, \tau_{\theta r})$反向的应力分量$(-\sigma_r, -\tau_{\theta r})$，如图 16－2(c)所示，则图 16－2(a)等于图 16－2(b)和图 16－2(c)的叠加($\tau_{\theta r}$在图上不易表示，故未画)。图 16－2(c)的应力分量$(-\sigma_r, -\tau_{\theta r})$是由打孔释法人为制造出来的加载，称为反向加载。此载荷使测点邻域各处的应力及应变发生变化，于是可用电阻应变计测量由于反向加载$(-\sigma_r, -_{\theta r})$所产生的应变变化，此量也就是测点 O 处原有残余应力$(\sigma_r, _{\theta r})$所产生的应变变化，而与电阻应变计所贴部位原有的残余应力无关。这是因为贴电阻片时，该处的残余应力已存在的缘故。

2. 反向加载的载荷计算

由于打孔等于从试件中挖去一个圆柱形单元体，因此，正方柱形单元体上的直角坐标中的主应力(σ_1, σ_2)之间的换算，可由应力状态分析中的应力圆来完成。如图 16－3(a)所示，在正方形单元件上用截面法截出长为 ds 的截面，此截面上极坐标中的应力分量$(\sigma_r, _{\theta r})$可由应力圆计算，如图 16－3(b)所示。

$$\sigma_r = \frac{1}{2}(\sigma_1 + \sigma_2) + \frac{1}{2}(\sigma_1 - \sigma_2)\cos 2\theta \tag{16-1}$$

$$\tau_{\theta r} = \frac{1}{2}(\sigma_1 - \sigma_2)\sin 2\theta \tag{16-2}$$

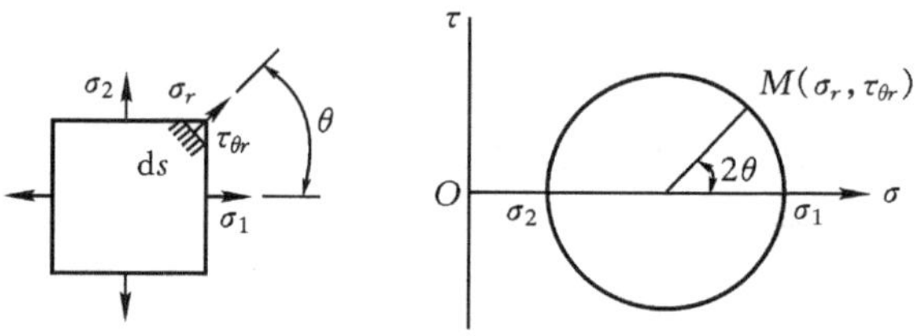

(a)　　(b)

图 16－3　直角坐标和极坐标应力分量之间的换算关系

因为圆柱形单元体的周边界是由 $\theta = 0 \sim 2\pi$ 的无限多 ds 所组成的，所以，圆柱形单元体圆边界上的极坐标中的应力分量即是式 (16－1)和式(16－2)。

又由于反向加载，所以圆孔孔壁上的载荷为

$$\sigma_r = -\frac{1}{2}(\sigma_1 + \sigma_2) - \frac{1}{2}(\sigma_1 - \sigma_2)\cos 2\theta \tag{16-3}$$

$$\tau_{\theta r} = -\frac{1}{2}(\sigma_1 - \sigma_2)\sin 2\theta \tag{16-4}$$

3. 反向加载在孔邻域引起的应力场

设一有残余应力、尺寸相对于所打小孔为相当大的薄平板试件。图 16－4(a)所示为试件打孔后以反向加载代替应力释放的载荷情况($\tau_{\theta r}$未画出)，载荷见式 (16－3)和式(16－4)。

图 16－4(b)所示为试件中已打有小孔，孔壁上载荷释放，在试件边界上的载荷为 O 点的主应力(σ_1, σ_2)。根据弹性力学知识可知，此为带圆孔试板的应力场，其解为两个 Kirsch 解的叠加，即任意点 P 的径向及切向应力分量σ_r'，σ_θ'分别为

$$\begin{aligned}\sigma_r' = &\left[\left(\frac{1}{2} - \frac{1}{2}\frac{a^2}{r^2}\right) + \left(\frac{1}{2} + \frac{3}{2}\frac{a^4}{r^4} - 2\frac{a^2}{r^2}\right)\cos 2\theta\right]\sigma_1 \\ &+ \left[\left(\frac{1}{2} - \frac{1}{2}\frac{a^2}{r^2}\right) - \left(\frac{1}{2} + \frac{3}{2}\frac{a^4}{r^4} - 2\frac{a^2}{r^2}\right)\cos 2\theta\right]\sigma_2\end{aligned} \tag{16-5}$$

$$\sigma_\theta' = [(\frac{1}{2}+\frac{1}{2}\frac{a^2}{r^2}) - (\frac{1}{2}+\frac{3}{2}\frac{a^4}{r^4})\cos 2\theta]\sigma_1$$

$$+[(\frac{1}{2}+\frac{1}{2}\frac{a^2}{r^2}) + (\frac{1}{2}+\frac{3}{2}\frac{a^4}{r^4})\cos 2\theta]\sigma_2 \qquad (16-6)$$

图 16－4(c)所示为试件中已打有小孔，孔壁上有如式（16－3)和式(16－4)所示的载荷($\tau_{\theta r}$未画出)，在试件边界上的载荷为($-\sigma_1$，$-\sigma_2$)，试件内为均匀两向压应力场，即 P 点在打孔前原有的残余应力主应力($-\sigma_1$，$-\sigma_2$)用极坐标表示的径向及切向应力分量为

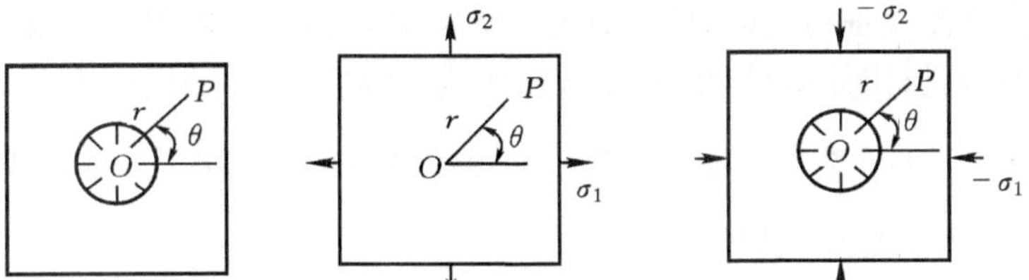

图 16－4　反向加载在孔邻域引起的应力场

$$\sigma_r'' = -\frac{1}{2}(\sigma_1+\sigma_2) - \frac{1}{2}(\sigma_1-\sigma_2)\cos 2\theta \qquad (16-7)$$

$$\sigma_\theta'' = -\frac{\sigma_1+\sigma_2}{2} + \frac{\sigma_1-\sigma_2}{2}\cos 2\theta \qquad (16-8)$$

由图 16－4 显见，图 16－4(a)为图 16－4(b)与图 16－4(c)叠加的结果，因此，图 16－4 中任意点 P 的应力当然也满足上述的叠加结果，即打孔后 P 点径向及切向应力分量的变化为

$$\sigma_r = \sigma_r' + \sigma_r'' = [-\frac{1}{2}\frac{a^2}{r^2} + (\frac{3}{2}\frac{a^4}{r^4} - 2\frac{a^2}{r^2})\cos 2\theta]\sigma_1$$

$$-[-\frac{1}{2}\frac{a^2}{r^2} + (\frac{3}{2}\frac{a^4}{r^4} - 2\frac{a^2}{r^2})\cos 2\theta]\sigma_2 \qquad (16-9)$$

$$\sigma_\theta = \sigma_\theta' + \sigma_\theta'' = [\frac{1}{2}\frac{a^2}{r^2} - \frac{3}{2}\frac{a^4}{r^4}\cos 2\theta]\sigma_1$$

$$+[\frac{1}{2}\frac{a^2}{r^2} + \frac{3}{2}\frac{a^4}{r^4}\cos 2\theta]\sigma_2 \qquad (16-10)$$

4. 用电阻应变法测定残余应力

现以薄平板试件受单向拉伸(即 $\sigma_1 \neq 0$，$\sigma_2 = 0$)情况介绍测定残余应力的方法。如图 16－5 所示，已知 σ_1 的方向，故沿 σ_1 的方向贴一枚电阻应变计，应变片敏感栅中心点 P 至孔中心 O 的距离为 r 。由广义胡克定律及公式（16－9)和式(16－10)可得 P 点的径向应变 ε_r 为

$$\varepsilon_r = \frac{1}{E}(\sigma_r - \mu\sigma_\theta) = A\sigma_1 + B\sigma_1\cos 2\theta$$

因为 $\theta = 0°$，所以上式为

$$\varepsilon_r = (A+B)\sigma_1$$

则可得到

$$\sigma_1 = \frac{\varepsilon_r}{A+B} \qquad (16-11)$$

式中：A、B 通常称为释放系数，分别为

$$A=-\frac{1+\mu}{2E\left(\frac{r}{a}\right)^2},\qquad B=\frac{3(1+\mu)-4\left(\frac{r}{a}\right)^2}{2E\left(\frac{r}{a}\right)^4} \tag{16-12}$$

由式(16－12)可看出，A、B 与试件材料、打孔直径、测点 P 到孔中心 O 的距离 r 等有关。ε_r 为打孔后在 P 点测量到的应变值。

16.4　实验步骤

(1) 选定实验仪器设备：拉伸试验机或万能试验机、打孔机、电阻应变仪。

(2) 试件制备：薄板拉伸试件，沿 σ_1 方向上粘贴单向电阻应变计 3～5 枚。

(3) 测量试件尺寸(厚度及宽度)，计算横截面积 A_0，确定加载值 $F=\sigma_1 A_0$ ($\sigma_1<\frac{\sigma_s}{3}$，以保证打孔后，孔边局部应力不超过屈服极限)。

(4)将试件装夹到试验机上，未加载时，从应变仪上读初读数 ε'_{r0}，然后加载至 F 值，读末读数 ε'_{rF}。卸载至零，取下试件。

(5)计算 $\varepsilon_r'=\varepsilon'_{rF}-\varepsilon'_{r0}$。

(6)在试件上沿点 O 处打直径为 $2a$ 的孔。

(7)再将试件装夹到试验机上，未加载时，读初读数 ε''_{r0}(此值中包含打孔加工应力的影响)，然后加载至 F 值读末读数 ε''_{rF}(其中仍包含打孔加工应力的影响)。卸载至零，取下试件。

(8)再计算打孔后的应变值 $\varepsilon''_r=\varepsilon''_{rF}-\varepsilon''_{r0}$(此时已无打孔加工应力的影响)。

(9)计算打孔前后两次应变叠加值为 $\varepsilon_r=\varepsilon''_r-\varepsilon'_r$。

(10)由式(16－11)和式(16－12)计算 $\sigma_1=\frac{\varepsilon_r}{A+B}$和为释放系数 A、B。

实验报告格式自行拟定。将实验测定结果与理论值进行比较。

16.5　注意事项

(1)按照粘贴电阻片的工艺及布片方案，确保应变片粘贴牢靠，方位准确。

(2)按照打孔机及测试系统使用规范进行实验。

第三部分

附　录

17. 模型相似理论简介

17.1　概述

在进行科学研究中，利用模型来研究实际结构(原型)或初步设计结构的一些形态参数或性能指标是一种重要的研究方法。因为模型实验有许多优点，如便于进行设计方案的合理性的校核，或几种设计方案的比较，模型实验可以人为的控制某些主要因素，略去次要因素。因此，对影响结构主要参数的改变而引起的反应可作系统的研究。在实验室中进行模型实验可以避免一些干扰因素的影响，实验精度也有保证，更何况有些如结构的抗冲击能力的研究等，更需要用模型实验。由于模型实验可以使原型中的力学过程在相似的物理条件下在模型上重演，因而可由模型上测得的力学参数，根据相似关系而换算到原型中去，以达到研究原型中力学过程的目的。但是，模型实验需要解决合理地选择模型的尺寸、载荷及模型的材料，同时也必须知道如何将模型实验结果换算为原型上相应的物理量等问题。这些问题可以通过模型相似理论来解决。所以模型相似理论是模型实验的基础。这里简单介绍建立相似判据的两种基本方法：用方程式分析结构相似和用量纲分析法分析结构相似。

17.2　相似的基本概念

1. 相似性概念

用模型代替原型进行强度或机械运动方面的分析时，模型和原型的材料、尺寸和载荷往往可能不相同。模型要模拟原型的力学现象，且把模型实验所测得的物理参数换算为原型所需的数值，这就要求从模型实验所涉及的物理量和原型相应的物理量是相同的，且两者都遵循相同的物理规律，即有相同的函数关系，在静强度方面的实验中要求模型和原型间要满足几何相似、载荷相似及边界条件相似。几何相似是指结构的相互垂直的三个方向的线长度与模型相应的线长度的比例是一个常数，夹角要相等；载荷相似是指模型和原型有相同的载荷类型，对同一类型的各载荷有相同的比例常数，各类载荷作用点相似，载荷作用方向相同；边界条件相似是指边界上的约束相似。此外，对于材料的弹性模量、泊松比也应满足相似条件。

2. 相似判据

设有两个相似的杆，在轴向拉伸状态下，由材料力学知，横截面上的正应力计算公式为

$$\sigma=\frac{N}{A} \tag{17-1}$$

式中：A 是杆的横截面面积；N 是杆的轴力。对于原型有

$$\sigma_p = \frac{N_p}{A_p} \tag{17-2}$$

对于模型有

$$\sigma_M = \frac{N_M}{A_M} \tag{17-3}$$

如果相似，则各物理量间存在关系

$$\frac{\sigma_M}{\sigma_p} = K_\sigma,\ \frac{N_M}{N_p} = K_N,\ \frac{A_M}{A_p} = K_A \tag{17-4}$$

式中：K_σ, K_N, K_A 为比例常数，称为相似系数。式(17－3)又可表示为

$$K_\sigma \sigma_P = \frac{K_N N_P}{K_A A_P}$$

或者

$$\left(\frac{K_\sigma K_A}{K_N}\right)\sigma_P = \frac{N_P}{A_P}$$

设

$$\frac{K_\sigma K_A}{K_N} = K_i \tag{17-5}$$

与式(17－2)比较，可知只有当 $K_i = 1$ 时，这两种状态才相似。将式(17－5)改写为

$$K_i = \frac{\sigma_M A_M}{N_M} \cdot \frac{N_P}{\sigma_P A_P} = 1$$

或者

$$\frac{\sigma_M A_M}{N_M} = \frac{\sigma_P A_P}{N_P} = 常数 \tag{17-6}$$

由上式知，物理量间的一定组合$\frac{\sigma A}{N}$是一不变量，称为相似判据，它是把两个相似现象中物理量联系起来的依据。如果两个物理现象相似，则相似判据一定是一个不变量。相似理论研究的目的之一，就是寻求所研究的物理现象有几个相似判据，每一个相似判据的具体形式是怎样的，用以指导模型实验。

17.3 用方程式分析法确定结构相似判据

在所研究的物理现象中，若各物理量之间的函数关系为已知，即可通过对描述该物理现象的函数关系的分析，导出两个物理现象相似所需要遵循的依据，这种方法称为方程式分析法。

例 17.1 矩形截面简支梁受均布载荷 q 和在跨度中点 C 的集中力 F 作用，如图 17－1 所示。现设计一个几何相似模型，几何相似系数 $K_L = \frac{1}{10}$。

试求在模型应力 σ_M 与原型应力 σ_P 相等的条件下，即 $K_\sigma = \frac{\sigma_M}{\sigma_P} = 1$ 时，当原形上载荷为 F_P、q_P 时，模型上应加多少载荷？

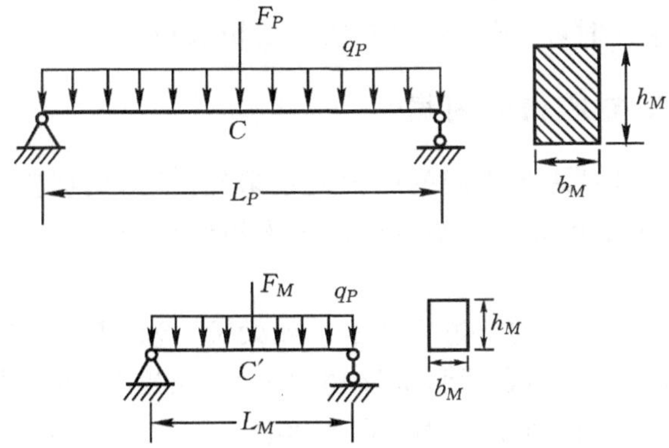

图 17-1

解 由材料力学知，跨度中点 C 截面的最大正应力计算公式为

$$\sigma_P^C=\frac{F_M L_P}{4W_P}+\frac{q_P L_P^2}{8W_P} \tag{17-7}$$

$$\sigma_M^C=\frac{F_M L_M}{4W_M}+\frac{q_M L_M^2}{8W_M} \tag{17-8}$$

由于两者相似，故各物理量间存在关系

$$K_\sigma=\frac{\sigma_M^C}{\sigma_P^C},\ K_L=\frac{L_M}{L_P}=\frac{h_M}{h_P}=\frac{b_M}{b_P},$$

$$K_P=\frac{F_M}{F_P},\ K_q=\frac{q_M}{q_P} \tag{17-9}$$

将上式代入式(17-8)，可得

$$\sigma_P^C=\frac{K_P}{K_\sigma K_L^2}\frac{F_P L_P}{4W_P}+\frac{K_q}{K_\sigma K_L}\frac{q_P L_P^2}{8W_P} \tag{17-10}$$

比较式(17-7)与式(17-10)可知，若要两者相似，则必须有

$$\frac{K_P}{K_\sigma K_L^2}=1 \text{ 和 } \frac{K_q}{K_\sigma K_L}=1 \tag{17-11}$$

故有相似判据为

$$\frac{F_P}{\sigma_P L_P^2}=\frac{F_M}{\sigma_M L_M^2}=\text{常数}$$

$$\frac{q_P}{\sigma_P L_P}=\frac{q_M}{\sigma_M L_M}=\text{常数} \tag{17-12}$$

所以，模型上所作用载荷为

$$F_M=\frac{\sigma_M L_M^2}{\sigma_P L_P^2}F_P=K_\sigma K_L^2 F_P=\left(\frac{1}{10}\right)^2 F_P=\frac{1}{100}F_P$$

$$q_M=\frac{\sigma_M L_M}{\sigma_P L_P}q_P=K_\sigma K_L q_P=\frac{1}{10}q_P \tag{17-13}$$

即实验时，模型上作用集中力为原形上作用集中力的 $\frac{1}{100}$，均布载荷为原型上作用均布载荷的 $\frac{1}{10}$，就可满足在几何相似系数 $K_L=\frac{1}{10}$ 条件下，使原型应力与模型应力相等。

上面所举例子是在关系方程式已知的情况下得到相似判据的。如果当某物理现象中各物理量之间的关系方程式未知时,就不能用此方法得到相似判据。

17.4　量纲分析法确定相似判据

如果对某种物理现象各物理量之间的函数关系未知,但对所研究的物理现象中所包含物理量是清楚的,在这种情况下可通过量纲分析法导出相似判据。

1. 量纲的概念

任何一个物理量都要用一定的单位来表示。如梁长 5 米,表示是以"米"作单位,单位一方面表示物理量的"类型",另一方面表示测量该物理量的"尺度"。我们把表示物理量的类型称为量纲,同一类型的物理量具有相同的量纲。在力学中只要选定三个基本物理量的单位,则其他物理量的单位都可以根据物理量的定义、定律或关系方程式导出,这些物理量的单位就称为导出单位。在工程单位制中,选用力、长度和时间作为基本物理量。力的量纲用$[F]$表示,长度量纲用$[L]$表示,时间量纲用$[T]$表示。故由定义知,应力的量纲可表示为$[FL^{-2}]$,它是导出量纲。一个物理方程式常常包含若干项,如方程(17-7)就包含两项,可以知道式中每一项的量纲都是相同的,这就是物理方程量纲的齐次原则。这里仅介绍量纲在确定相似判据方面的应用。

2. 利用量纲分析法导出相似判据

用一个具体例子来说明用量纲分析来导出相似判据的基本方法。

例 17.2　图 17-2 所示是一个重量为 W 的物体,从高度 H 自由下落,冲击在一个简支梁上,冲击点距梁左端 x 处,梁自重不计,梁长为 l,用量纲分析法来求出相似判据。

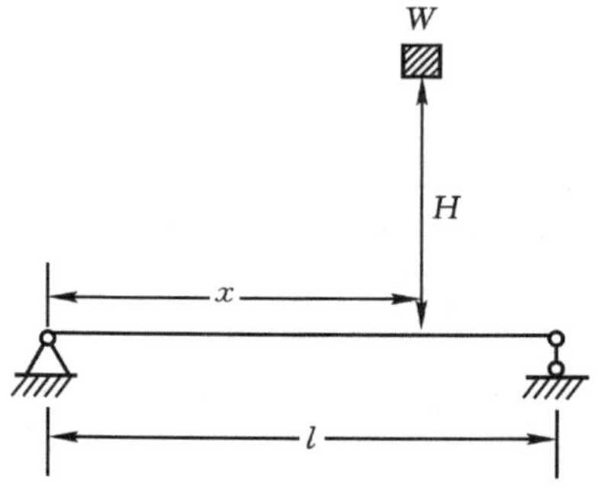

图 17-2

解　由材料力学知识知,梁内应力 σ 与冲击物重量 W、冲击高度 H、梁长 l 和梁截面形状尺寸有关,也与梁材料弹性模量 E 有关,故梁受冲击后的应力可表示为如下函数形式

$$\sigma=\Phi(W,H,l,E) \tag{17-14}$$

现分析式(17-14)中五个物理量之间的量纲关系,假定其量纲关系为

$$[\sigma]=[W^aH^bl^cE^d] \tag{17-15}$$

根据工程单位制,基本量纲为$[F]$、$[L]$、$[T]$。又由定义知,这五个物理量的量纲是

$$[\sigma]=[FL^{-2}],[W]=[F],[H]=[L]$$
$$[l]=[L],[E]=[FL^{-2}] \tag{17-16}$$

故有量纲关系

$$[FL^{-2}]=[F^aL^bL^c\,(FL^{-2})^d]=[F^{a+b}L^{b+c-2d}] \tag{17-17}$$

根据量纲齐次原则，等号两边相同量纲的指数应相等，故有联立方程

$$\begin{cases} a+d=1 \\ b+c-2d=-2 \end{cases}$$

两个方程共有四个未知数，因而只能任意解出两个未知数

$$a=1-d$$

$$b=-2-c+2d$$

代入式(17－15)有

$$[\sigma]=[W^{1-d}H^{-2-c+2d}l^{c}E^{d}]=[(\frac{W}{H^{2}})(\frac{EH^{2}}{W})^{d}(\frac{l}{H})^{c}] \tag{17-18}$$

上式可写成无量纲化的形式

$$[\frac{\sigma H}{W}]=[(\frac{EH^{2}}{W})^{d}(\frac{l}{H})^{c}] \tag{17-19}$$

上式称为无量纲方程，式中 c、d 为不确定指数，由式(17－19)知，三个无量纲量之间存在某种未知的函数关系，可以表示成下面形式

$$\frac{\sigma H^{2}}{W}=f((\frac{EH^{2}}{W}),(\frac{l}{H})) \tag{17-20}$$

比较式(17－20)与(式 17－14)可知，原来问题中的五个物理量之间的关系，通过量纲分析化为三个无量纲量之间的关系，这对实验数据的处理会带来很大方便，在模型试验中，通过模型实验来求出原型的应力就很方便。

当要用模型来研究原型的自由落体冲击，可采用几何相似模型，对于原型有

$$\frac{\sigma_{P}H_{P}^{2}}{W_{P}}=f((\frac{E_{P}H_{P}^{2}}{W_{P}}),(\frac{l_{P}}{H_{P}})) \tag{17-21}$$

对于模型有

$$\frac{\sigma_{M}H_{M}^{2}}{W_{M}}=f((\frac{E_{M}H_{M}^{2}}{W_{M}}),(\frac{l_{M}}{H_{M}})) \tag{17-22}$$

由于两者的物理量过程是相同的，故只要模型设计和实验中满足关系

$$\left.\begin{array}{l} \frac{E_{M}H_{M}^{2}}{W_{M}}=\frac{E_{P}H_{P}^{2}}{W_{P}} \\ \frac{l_{M}}{H_{M}}=\frac{l_{P}}{H_{P}} \end{array}\right\} \tag{17-23}$$

则有

$$\frac{\sigma_{M}H_{M}^{2}}{W_{M}}=\frac{\sigma_{P}H_{P}^{2}}{W_{P}} \tag{17-24}$$

关系式(17－23)就是相似判据。由相似判据可以看出，当材料选定后载荷相似系数和长度相似系数不能任意选择。如果在模型上测得 σ_M 后，可由式(17－24)可得原型中应力 σ_P 为

$$\sigma_{P}=\sigma_{M}(\frac{W_{P}}{W_{M}})(\frac{H_{M}}{H_{P}})^{2} \tag{17-25}$$

可知当材料相同时，在满足式(17－23)条件下，则模型所得应力就等于原型对应点的应力。

用量纲分析法来导出相似判据，可进一步求出实物和模型之间物理量的转换关系。它的优点是对于物理量之间的函数关系不清楚的物理现象，只要知道这问题中所包含的一些物理量就可以根据原型把模型设计出来，但应用这种方法必须满足模型与原型几何相似。

18. 有效数字及其运算法则

18.1　有效数字

在实际测量或数字计算中，只有采用合适位数的数字来代表测量数据和计算结果，使之既保证有一定的准确度，又不致于造成不必要的繁琐计算，才是科学的。而若人为地随意增减测量数字的位数，或者认为小数点后的位数越多，这个数字就越准确，结果的准确度就越高，这显然是不对的。因为，通常使用的仪器、设备、量具等都有一定的精度限制。如用百分表测量位移时，由于百分表的最小分度为 0.01 mm，即用此百分表可准确读得小数点后面两位数(用 mm 作单位)，并称此为可靠值，而小数点后面第三位数为估计值，即表盘上可读出 0.369 mm，其中 0.36 mm 为可靠值，而 0.009 为估计值(此虽欠准确，但对测量结果还是有意义的)。我们把这种由可靠值和末位估计值组成的数字称为有效数字。并且称 0.369 这个数字为三位有效数字。而若将 0.369 mm 写为 0.0369 cm 或 0.000369 m，它们仍为三位有效数字，其准确度完全相同，只是所用的单位不同而已。

一个数究竟取几位，取决于有效数字的位数。当有效数字确定后，其余数字应按一定的原则取舍。对有效数字后面的第一位数字的取舍应按“四舍、六入、五单双”的原则进行。

原则 1　若保留数字后面的第一位数小于 5 时，则舍去。

原则 2　若保留数字后面的第一位数等于或大于 6 时，则应在保留数字的最后一位数上进 1。

原则 3　若保留数字后面的第一位数等于 5，则有效数字的取舍分以下三种不同情况取舍。

(1)如果在 5 的后面没有其他数，又当保留数字最后一位为奇数，则在保留数字最后一位数上进 1；而当保留数字的最后一位为偶数，则此保留数字不变，将 5 舍去；

(2)如果在 5 的后面还有不为零的数，则应在保留数字的最后一位数上进 1。

例 18.1　将下面五个数字取四位有效数字的表示结果：

① 78.784，按原则 1 表示为 78.78。

② 78.776，按原则 2 表示为 78.78。

③ 78.775、78.785、78.7851，按原则 3 分别表示为 78.78、78.78、78.79。

18.2　运算法则

1. 加减法运算

在加减法运算中，各数所保留的小数点后的位数应与几个数中小数点后面位数最少的相同；或者以小数点后位数最少者为准，再在其余各数的小数点后多取一位进行运算，然后，按照有效数字取舍原则，最后结果应与小数点后位数最少者相同，所得结果是一致的。

例如：　63.1+17.58+8.082

则得　63.1+17.6+8.1=88.8

或　63.1+17.58+8.08=88.76

小数点后取一位，则按照有效数字取舍原则，此结果仍为 88.8。

2. 乘除法运算

在乘除法运算中，各数所保留的位数应以有效数字最少者为准，所得结果的有效数字位数仍与参加运算的几个数中有效数字位数最少者相同。

例如　　$3.69\times0.198\times1.688$

则有　　$3.69\times0.198\times1.69=1.23$

3. 常数及无理数运算

常数及无理数（如 π，$\sqrt{3}$等）参与运算时，不影响运算结果的有效数字位数。在运算中，这些数的有效数字位数只需与其他数中有效数字位数最少的相同就够了。

例 18.2　测得一圆棒拉伸试件的直径 d 为 10.02 mm，则试件的横截面面积为

$$A=\frac{\pi}{4}d^2=\frac{3.142}{4}\times(10.02)^2=78.86\ \text{mm}^2$$

总之，在测量和处理测量数据时，应按原则进行。若低于测量达到的准确度是不正确的；相反，超过测量可能的准确度也是不对的。

19. 单位换算表

国际单位制与其他单位制的换算表

量的名称	工程单位制与国际单位制		英制与国际单位制	
	工程单位制换为国际单位制	国际单位制换为工程单位制	英制换为国际单位制	国际单位制换为英制
长度			1 in =25.40 mm 1 ft =0.3048 mm	1 m =39.37 in 1 m =3.281 ft
面积			1 in^2 =6.452 cm^2 1 ft^2 =0.09290 m^2	1 cm^2 =0.1550 in^2 1 m^2 =10.76 ft^2
体积			1 in^3 =16.39 cm^3 1 ft^3 =0.02832 m^3	1 cm^3 =0.061202 in^3 1 m^3 =35.311 ft^3
应力压强	1 kgf/cm^2=98.07 kPa	1 Pa =1.02×10^{-5} kgf/cm^2	1 Psi =6.895 kPa 1 ksi =6.895 MPa	1 MPa =145.0 Psi
功能	1 kgf cm = 0.09807 J	1 J =10.20 kgf cm	1 ft lb=1.256J	1 J =0.7376 ft · lb
功率	1 kgf · cm/s = 0.09807 W 1 ps =735.5 W	1 W =10.20 kgf · m/s 1 W =1.36×10^{-3} ps	1ft · lb/s =1.356 W 1 hp =745.7 W	1 W =0.7375 ft · lb/s 1 W =1.341×10^{-3} hp
质量	1 kg · s^2/m = 98.07 kg	1 kg =0.102 kg · s^2/m		
力	1 kgf =9.807 N	1 N =0.102 kgf	1 lb =4.448 N	1 N =0.2248 lb
力矩	1 kgf · cm = 0.09807 N · m	1Nm =10.20kgf · cm	1 ft. lb =1.356 N · m	1 Nm =0.7376ft · lb
分布载荷	1 kgf/cm = 980.7 N/m	1 N/m =0.102 kgf/m	1 lb/ft =14.059 N/m	1 kN/m =68.53 lb/ft
断面系数			1 in^3 =16.39 cm^3	1 cm^3 =0.06102 in^3
惯性矩			1 in^4 =41.63 cm^4	1cm^4 =0.02403 in^4

注：hp——英制马力，ps——工程单位制马力，1 hp = 1.014 ps 。

20. 材料力学性能测定常用国家(部)标准

标 准 名 称	标 准 编 号
金属材料 力学性能试验术语	GB/T 10623—2008
金属材料 室温拉伸试验方法	GB/T 228—2002
金属材料 室温压缩试验方法	GB/T 7314—2005
金属材料 室温扭转试验方法	GB/T 10128—2007
金属材料 室温弯曲力学性能试验方法	YB/T 5349—2006
金属材料 杨氏模量、弦线模量和切线模量试验方法	GB/T 8653—2007
金属材料 夏氏摆锤冲击试验方法	GB/T 229—2007
金属材料 疲劳试验 旋转弯曲方法	GB/T 4337—2008
金属材料 平面应变断裂韧度 K_{IC}试验方法	GB/T 4161—2007
金属材料 板材表面裂纹断裂韧度 K_{IC}试验方法	GB/T 7732—2008
金属材料 布氏硬度试验 试验方法	GB/T 231.1—2009
金属材料 洛氏硬度试验 试验方法	GB/T 230.1—2009
硫化橡胶或热塑性橡胶 拉伸应力应变性能的测定	GB/T 528—2009
塑料 拉伸性能试验方法	GB/T 1040.1—2006
塑料 压缩性能试验方法	GB/T 1041—2006
塑料 弯曲性能试验方法	GB/T 9341—2008
塑料 拉伸性能的测定 薄膜和薄片的试验条件	GB/T 1040.3—2006
纤维增强塑料 拉伸性能试验方法	GB/T 1447—2005
纤维增强塑料 层间剪切强度试验方法	GB/T 1450.1—2005
精细陶瓷 压缩强度试验方法	GB/T 8489—2006
精细陶瓷 弯曲强度试验方法	GB/T 6569—2006
精细陶瓷 弹性模量试验方法	GB/T 10700—2006
夹层结构 平拉强度试验方法	GB/T 1452—2005
夹层结构 弯曲性能试验方法	GB/T 1456—2005

主要参考文献

1. 童云生,侯德门,赵挺.材料力学实验[M].西安:陕西科学技术出版社,1992.
2. 侯德门,赵挺.材料力学实验指导[M].西安:陕西人民教育出版社,1993.
3. 侯德门,赵挺,丁春华,等.基础力学实验 II[M].西安:西安交通大学(校内讲义,1999).
4. 刘鸿文,吕荣坤.材料力学实验(第3版)[M].北京:高等教育出版社,2007.
5. 侯德门,赵挺,丁春华,等.材料力学实验(修订本)[M].西安:西安交通大学(校内讲义,2002、2005、2009).
6. 付朝华,胡德贵,蒋小妹.材料力学实验[M].北京:清华大学出版社,2010.